SONDERABDRUCK AUS
## ARCHIV FÜR ELEKTROTECHNIK
Bd. 26 (1932) S. 200 . . . 213
Bd. 27 (1933) S. 539 . . . 557

ISBN 978-3-662-31314-5     ISBN 978-3-662-31519-4 (eBook)
DOI 10.1007/978-3-662-31519-4

Meinem väterlichen Freunde,
Herrn Richard Sienang

# Zur Theorie der Drehstrom-Einphasenstrom-Umformung mit Gleich- und Wechselrichtern.

**Inhalt:** Es wird 50periodiger Drehstrom mit gittergesteuerten Gleichrichtern gleichgerichtet und der Gleichstrom mit einem Wechselrichter in $16^2/_3$periodigen Einphasenstrom umgewandelt. Speist der Umformer allein das Einphasennetz, so bestimmt die dem Wechselrichter zugeordnete Synchronmaschine Spannungsform und Frequenz im Einphasennetz und wirkt dadurch als Taktgeber.

Die Umformeranordnung entspricht einem asynchron betriebenen Motorgeneratorsatz mit Hintermaschine. Das Verhältnis der beiden Netzfrequenzen ist nicht an einen starren Wert gebunden, der Umformer arbeitet somit als elastische Netzkupplung. Das Drehstromnetz ist im wesentlichen wie durch einen normalen Gleichrichter belastet.

Die Richtigkeit der gezeichneten Strom- und Spannungskurven wird durch Oszillogramme bestätigt.

## Einleitung.

Der Energiebedarf der einphasigen, im allgemeinen mit $16^2/_3$ Hertz betriebenen Bahnnetze kann prinzipiell auf zwei Arten gedeckt werden. Der Bahnstrom wird entweder in eigens errichteten Kraftwerken bzw. mit besonderen Generatoren erzeugt oder durch Umformung einer anderen Stromart gewonnen, beispielsweise durch Umformung von Drehstrom. Wirtschaftliche und betriebliche Gesichtspunkte sprechen dafür, das allgemeine Landesversorgungsnetz zur zusätzlichen oder auch ausschließlichen Energielieferung heranzuziehen[1]. Das bedingt die Errichtung von Umformerwerken, in denen der angelieferte Drehstrom von der Frequenz 50 Hertz in Einphasenstrom von $16^2/_3$ Hertz umgeformt wird. Schreibt ein Umformer der Frequenz des erzeugten Einphasenstromes ein festes Verhältnis zur Frequenz des Drehstromes vor, dann sind beide Netze starr gekuppelt. Kann hingegen die Einphasenfrequenz ihr Verhältnis zur Drehstromfrequenz variieren, dann ist die Kupplung elastisch. Im allgemeinen schwankt die Frequenz eines Bahnnetzes um einen Mittelwert, wenn das Netz von einem besonderen Bahnkraftwerk gespeist wird, wogegen die Drehstromfrequenz nahezu konstant bleibt. Um einen Umformer parallel zum Kraftwerk arbeiten lassen zu können, muß er deshalb als elastisch wirkende Netzkupplung ausgestaltet sein. Das bedingt vor allem eine leichte Regelbarkeit im gegenseitigen Frequenzverhältnis. Diese Forderung erfüllt eine Anordnung, bei der der Drehstrom gleichgerichtet und der Gleichstrom in einem Wechselrichter in den Einphasenstrom umgeformt wird.

## Theorie der Gleich-Wechselrichter-Anordnung.
### 1. Aufbau des Umformers.

Die allgemeine Anordnung einer solchen Umformer- oder auch Netzkupplungseinrichtung ist in Bild 1 wiedergegeben. Je nach der Richtung des jeweiligen Energieflusses wird entweder Drehstrom in Gleichstrom umgeformt und dieser in Einphasenstrom umgewandelt oder es wird der umgekehrte Weg eingeschlagen. Im folgenden sei die Energieübertragung nur in der Richtung von Drehstrom auf Einphasenstrom betrachtet. Die dabei anzustellenden Überlegungen gelten entsprechend für die Übertragung in der entgegengesetzten Richtung.

Mit Hilfe einer der bekannten Gleichrichteranordnungen wird der Drehstrom in Gleichstrom umgeformt. Zur Reglung der durchgehenden Leistung sind die Queck-

---
[1] Vgl. E. Frensdorff, Bahnstromlieferung aus Landesversorgungsnetzen und Periodenumformung. Sonderdruck aus „Verbands-Mittlg." d. Dresdner Elektrotechn. Vereins Bd. **23 (1928)**.

silberdampfgefäße mit Steuergittern versehen[1]. Die Umformung des Gleichstromes in Wechselstrom geht in einer als „Wechselrichter" zu bezeichnenden Anordnung vor sich.

Im Prinzip stellt der Wechselrichter die Umkehrung des Gleichrichters dar[2]. In Bild 2a ist die als Graetzschaltung bekannte Brückenanordnung mit 4 Quecksilberdampfgefäßen als Beispiel für einen Gleichrichter gezeigt. Ihrer Wirkungsweise entspricht der in Bild 2b dargestellte Verlauf von Strom und Anodenspannung bei zwei im Gegentakt arbeitenden Ventilen. Um die Vorstellung zu vereinfachen, ist für den Augenblick eine unendlich große Drosselspule im Gleich-

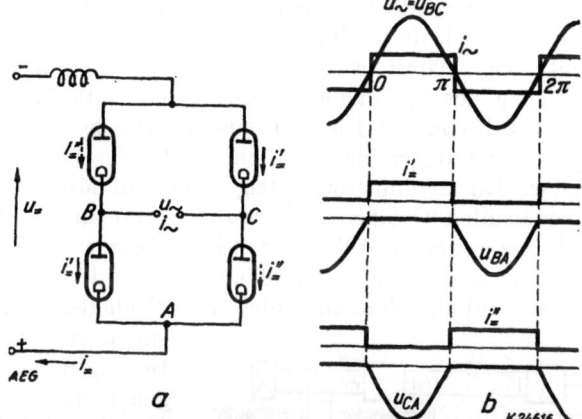

Bild 2. Gleichrichteranordnung.
a Schaltbild,
b Verlauf von Strom und Anodenpotential.

Bild 1. Elastische Kupplung eines Drehstromnetzes mit einem Einphasennetz durch Umformung über Gleichstrom.

stromkreise und damit ein vollkommen glatter Gleichstrom angenommen. Weiterhin ist der Brennspannungsabfall in den Gefäßen vernachlässigt und die Kommutierungsdauer als verschwindend kurz vorausgesetzt. Den gleichen Schaltungsaufbau bringt Bild 3a, die Entladungsgefäße jedoch mit Steuergittern versehen. Die Gleichspannung $u_=$ hat jetzt das umgekehrte Vorzeichen und treibt einen in der Richtung wechselnden Strom entgegen der Wechselspannung $u_\sim$ in das Wechselstromnetz. Die Anordnung arbeitet hierbei als Wechselrichter. Die Kurven in Bild 3b veranschaulichen die Aufeinanderfolge der Vorgänge. Die Anodenpotentiale werden positiv während der Ruhezeiten der Gefäße. Durch Anlegen der entsprechenden Sperrpotentiale an die Steuergitter werden unzeitgemäße Zündungen verhindert. Bei der Darstellung der Kurven

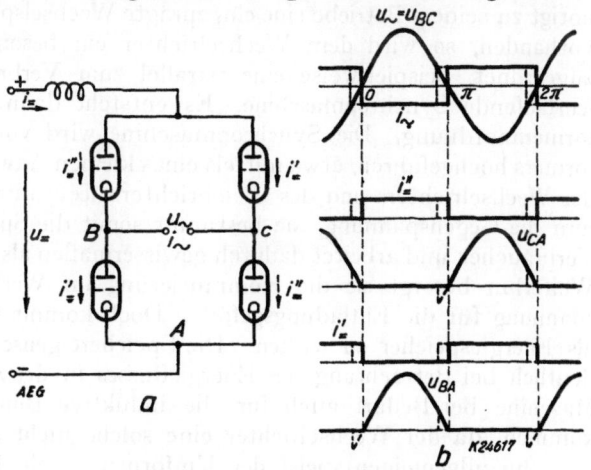

Bild 3. Wechselrichteranordnung.
a Schaltbild,
b Verlauf von Strom und Anodenpotential.

ist die Kommutierung als im Nulldurchgang der Wechselspannung vor sich gehend angenommen. Die Gittersperrung wird also erst in diesem Augenblick weggenommen. Damit aber das ablösende Gefäß die Stromführung übernehmen kann, muß im Augenblick der Zündung sein Anodenpotential noch genügend positiv sein, d. h. das Gitter

---

[1] Siehe z. B. L. Dunoyer et P. Toulon, J. Physique, Radium Bd. 5 (1924) S. 257, 289. — A. W. Hull, Gen. electr. Rev. Bd. 32 (1929) S. 391. — C. Braband, VDE-Fachberichte 1931 S. 29.
[2] D. C. Prince, Gen. electr. Rev. Bd. 31 (1928) S. 348.

muß schon vor dem Nulldurchgang von $u_\sim$ das Gefäß für die Zündung freigeben. Die dabei gegen vorher eintretenden Veränderungen sind in Bild 3 b gestrichelt angedeutet. Wie aus dem Verlauf von $u_\sim$ und $i_\sim$ zu erkennen ist, gibt der Wechselrichter eine mit wachsendem Zündvoreilwinkel größer werdende kapazitive Blindleistung ab. Sofern der Verbraucher diese nicht aufnimmt, wird sie gering gehalten durch Einstellung eines kleinen Zündvoreilwinkels. Die Mindestgröße dieses Winkels ist bestimmt durch die Bedingung, daß die stets eine endliche Zeit beanspruchende Kommutierung spätestens im Nulldurchgang von $u_\sim$ beendet sein muß (bei Vernachlässigung des Spannungsabfalls an den Entladungsgefäßen)[1].

Während des Kommutierungsvorgangs werden Gleichstromkreis und Wechselspannung kurzgeschlossen (siehe Bild 3 a). Die im Wechselstromkreise entstehenden beiden Kurzschlußströme steigen an und löschen die Gleichstromlichtbögen in den abzulösenden Gefäßen. Die vorbereitend an die Steuergitter angelegten Sperrpotentiale verhindern das Wiederzünden. Damit ist der Kommutierungsvorgang offenbar beendet, seine Dauer also abhängig von der Größe des zu kommutierenden Gleichstroms und der Zeitkonstanten im Wechselstromkreise. Um die folgenden Untersuchungen zu vereinfachen, sei die Kommutierungsdauer stets als verschwindend kurz angenommen.

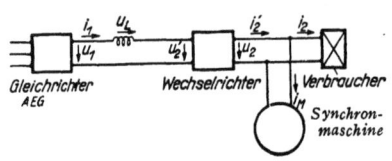

Bild 4. Gleich-Wechselrichter-Anordnung zur Umformung von Drehstrom in Einphasenstrom.

Die Arbeitsfolge der Wechselrichtergefäße hat den gleichen Rhythmus wie die Wechselspannung. Diese kann somit auch die Steuerspannung liefern. Wie die Gefäße im einzelnen zu steuern sind, hängt von dem Verlauf ihrer Steuercharakteristiken ab.

Der Wechselrichter schafft sich seine Gegenspannung nicht selbst, sondern benötigt zu seinem Betriebe eine eingeprägte Wechselspannung. Ist eine solche nun nicht vorhanden, so wird dem Wechselrichter ein besonderer Wechselspannungserzeuger zugeordnet, beispielsweise eine parallel zum Verbraucher (Einphasennetz) liegende leerlaufende Synchronmaschine. Es entsteht dann die in Bild 4 dargestellte Umformeranordnung. Die Synchronmaschine wird vor einer Inbetriebsetzung des Umformers hochgefahren, etwa mittels eines kleinen Anwurfmotors, um nach Einschaltung des Wechselrichters und des Gleichrichters leer mitzulaufen[2]. Diese Maschine liefert nun die Gegenspannung, sie bestimmt somit die Spannung sowie deren Frequenz am Verbraucher und arbeitet dadurch gewissermaßen als Taktgeber für das Einphasennetz. Weiterhin besorgt sie die Kommutierung im Wechselrichter und gibt die Steuerspannung für die Entladungsgefäße. Doch kommt ihr noch die weitere Aufgabe zu, als Energiespeicher zu wirken. Die Speichereigenschaft der Synchronmaschine wird deutlich bei Betrachtung des Energieflusses in der Anordnung. Schließlich muß die Maschine bei Bedarf auch für die induktive Blindleistung des Verbrauchers aufkommen, da der Wechselrichter eine solche nicht abgeben kann.

Im allgemeinen speist der Umformer in ein Einphasennetz, dessen Spannung und Frequenz bereits von einem oder mehreren Generatoren bestimmt werden, so daß die Eigenschaft der Synchronmaschine als Taktgeber und als Quelle der Steuerspannung entfällt. Desgleichen kann die Kommutierung sowie die Energiespeicherung und Blindleistungslieferung vollständig von den Generatoren übernommen und die Synchronmaschine dadurch überhaupt überflüssig werden. Um nun die Betrachtungen nicht durch Vielfältigkeit zu erschweren, werde im folgenden lediglich die in Bild 4 angegebene Umformeranordnung betrachtet, wobei die Synchronmaschine die einzige Maschine auf der Wechselstromseite des Wechselrichters sei.

---

[1] D. C. Prince, l. c.

[2] Die Verluste der Synchronmaschine werden entweder vom mitlaufenden Anwurfmotor oder vom Wechselrichter oder von beiden gemeinsam gedeckt.

## 2. Energiefluß in der Anordnung.

An einem Beispiel für direkte Umformung von Drehstrom in Einphasenstrom, etwa mittels Motorgenerator, wobei das Einphasennetz der Einfachheit halber nur Wirkleistung aufnehme, erkennt man: der Augenblickswert $n_2$ der Einphasenleistung (Bild 5a) verläuft sinusquadratförmig, er pulsiert mit der doppelten Einphasenfrequenz um den Mittelwert $N$. Ist das Drehstromnetz balanciert, dann bringt es die zeitlich konstante Leistung $n_1 = N$ heran; während einer Viertelperiode der Einphasenfrequenz liefert es demnach mehr Leistung, als das Einphasennetz aufnimmt, und während der folgenden Viertelperiode weniger Leistung, als das Einphasennetz verbraucht. Um die Belastung des Drehstromnetzes nicht unsymmetrisch werden zu lassen, müssen die einphasenseitigen Leistungspulsationen von ihm ferngehalten werden, d. h. die ihr Vorzeichen periodisch wechselnde Differenz zwischen konstant herangebrachter und augenblicklich verbrauchter Leistung muß mit irgendeinem Energiespeicher gepuffert werden. Während der einen Viertelperiode wird der Energiespeicher mit der überschüssig angebotenen Energie aus dem Drehstromnetz aufgeladen, in der nächsten Viertelperiode gibt er diese Energie wieder ab zur Deckung

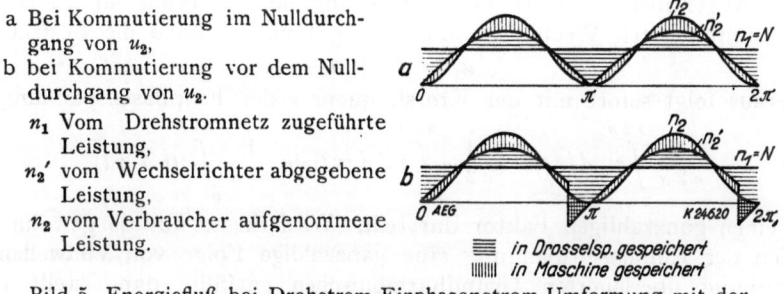

a Bei Kommutierung im Nulldurchgang von $u_2$,
b bei Kommutierung vor dem Nulldurchgang von $u_2$.
$n_1$ Vom Drehstromnetz zugeführte Leistung,
$n_2'$ vom Wechselrichter abgegebene Leistung,
$n_2$ vom Verbraucher aufgenommene Leistung.

≡ in Drosselsp. gespeichert
||||| in Maschine gespeichert

Bild 5. Energiefluß bei Drehstrom-Einphasenstrom-Umformung mit der Gleich-Wechselrichter-Anordnung.

des nun vorhandenen Fehlbetrages. Beim Motorgenerator übt die kinetische Energie der rotierenden Massen die Speicherwirkung aus. Die Leistungspulsationen haben Schwankungen der Umlaufsgeschwindigkeit zur Folge, die relativ um so kleiner werden, je größer der Energieinhalt der rotierenden Massen ist. In dem vorliegenden Fall der Umformung mit Gleich- und Wechselrichtern verteilt sich die Aufgabe der Energiepufferung auf die in der Gleichstromleitung liegende Drosselspule und die Synchronmaschine.

Betrachtet man den idealen Fall, daß der Gleichrichter eine oberwellenfreie Spannung erzeugt und einen vollkommen glatten Gleichstrom abgibt, dann führt das Drehstromnetz über den Gleichrichter die zeitlich konstante Leistung $n_1 = N$ zu. Da der vom Wechselrichter kommende Wechselstrom rechteckförmig ist, somit während einer Halbwelle ein konstanter Strom fließt, und die Wechselspannung Sinusform besitzt (vgl. Bild 3b), so überträgt der Wechselrichter die sinusförmig verlaufende Leistung $n_2'$ (siehe Bild 5a). Der Mittelwert dieser Leistung ist $N$, der Gleichrichter liefert also zeitweilig mehr Leistung, als der Wechselrichter weitergeben kann, dann wieder benötigt der Wechselrichter mehr Leistung, als der Gleichrichter ihm überbringt. Zum Ausgleich dieses periodisch wechselnden Überschusses und Fehlbedarfs dient die Drosselspule. Die in ihr gepufferten Energiebeträge sind in Bild 5 durch waagrechte Schraffur gekennzeichnet. Wegen der sinusförmigen Netzspannung nimmt der Verbraucher einen sinusförmigen Strom auf, der Momentanwert $n_2$ der verbrauchten Leistung pulsiert infolgedessen sinusquadratförmig um den Mittelwert $N$. Da der Wechselrichter sinusförmig verlaufende Leistung heranbringt, müssen die abwechselnd positiv und dann wieder negativ werdenden Differenzbeträge zwischen dieser und der angeforderten Leistung ebenfalls gepuffert werden. Den Ausgleich besorgt hier die Synchronmaschine. Die ihr durch die Aufladung zuströmende und die darauffolgende Entladung wieder entzogene Energie ist in Bild 5 als senkrecht schraffierte Fläche dargestellt. Aus Bild 5b ist zu ersehen, daß während der Zeit von der Kommutierung bis zum Spannungsnulldurchgang die gesamte vom Drehstromnetz gelieferte Energie in der Drosselspule gespeichert wird. Die Synchronmaschine deckt den Leistungsbedarf des Verbrauchers, außerdem liefert sie über den Wechselrichter Leistung an die Drosselspule. Die Drosselspule gibt die ihr von der Synchronmaschine zugeflossene Energie während der übrigen Zeit der Halbperiode wieder an die Maschine zurück. Diese Energiependelung zwischen beiden Speichern folgt aus der Eigenschaft des Wechselrichters, bei Kommutierung vor dem Spannungsnulldurchgang Blindleistung abzugeben (vgl. Bild 3b).

### 3. Rechnerische Untersuchung der Anordnung.

a) Berechnung der Gleichspannung.

Um bei gegebener Einphasenspannung die Höhe der Gleichspannung zu ermitteln, geht man von dem Spannungsumlauf im Gleichstromkreise aus. Sind $u_1$, $u_L$ und $u_2'$ jeweils die Augenblickswerte der Gleichspannung, der Spannung an der Drosselspule und der kommutierten Wechselspannung, so gilt nach Bild 4 die Beziehung

$$u_1 = u_2' + u_L. \tag{1}$$

Hieraus folgt sofort mit der Kreisfrequenz $\nu$ der Einphasenspannung

$$\frac{1}{a\,2\pi}\int_0^{a\,2\pi} u_1\,d(\nu t) = \frac{1}{a\,2\pi}\int_0^{a\,2\pi} u_2'\,d(\nu t) + \frac{1}{a\,2\pi}\int_0^{a\,2\pi} u_L\,d(\nu t),$$

wobei $a$ einen ganzzahligen Faktor darstellt. Wird dieser nun so gewählt, daß auf $a$ Perioden der Einphasenspannung eine ganzzahlige Folge von Vollwellen der der Gleichspannung überlagerten Grundharmonischen entfällt, dann stellt das erste Integral den Gleichstrommittelwert $U_{10}$ dar. Das zweite Integral auf der rechten Seite der Gleichung gibt das zeitlich genommene Mittel über die Drosselspulenspannung an. Es ist

$$\int_0^{a\,2\pi} u_L\,d(\nu t) = \nu L\,(i_{\nu t = a\,2\pi} - i_{\nu t = 0}).$$

Im eingeschwungenen Zustand der Anordnung sind nun beide Stromwerte gleich, infolgedessen verschwindet das Integral. Der Wert des verbleibenden Integrals wird leicht gefunden an Hand des in Bild 6 dargestellten Verlaufs der kommutierten Wechselspannung. Bedeutet $\alpha$ den Zündvoreilwinkel, so folgt schließlich

$$U_{10} = \frac{2}{\pi} U_2 \sqrt{2} \cos\alpha$$

oder

$$\frac{U_{10}}{U_2} = 0{,}9 \cos\alpha. \tag{2}$$

b) Dimensionierung der Drosselspule.

Der Einfachheit halber wurde bei den bisherigen Betrachtungen der Gleichstrom immer als glatt angenommen, d. h. die Induktivität der Drosselspule wurde als unendlich groß angesehen. Hat nun die Induktivität einen endlichen Wert, so nimmt der Gleichstrom eine Wechselstromkomponente auf, deren Amplitude umgekehrt proportional zur Größe der Induktivität ist. Die Drosselspule ist folglich im Hinblick auf eine zulässige Größe der Wechselstromkomponente zu dimensionieren. Von Fall zu Fall ist allerdings zu prüfen, ob ihre Induktivität ausreicht, den Gleichstrom während des Kurzschlusses im Kommutierungsvorgang genügend zu begrenzen.

Rechnerisch läßt sich die Dimensionierungsbedingung leicht erfassen aus der Beziehung zwischen der Größe einer Harmonischen der Drosselspulenspannung und der Größe der entsprechenden Harmonischen der Wechselstromkomponente. Die

Drosselspulenspannung $u_L$ ergibt sich aus Gleichung (1). Die gewellte Gleichspannung wird bei den prinzipiellen Betrachtungen für den Augenblick durch ihren in Gleichung (2) angegebenen Mittelwert ersetzt. Die Spannung $u_L$ hat dann den in Bild 7 dargestellten Verlauf. Die Reihenentwicklung für die Drosselspannung, die bei Kommutierung vor dem Nulldurchgang von $u_2$ entsteht, hat die Form

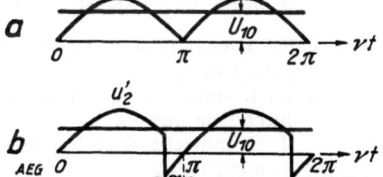

Bild 6. Verlauf der durch den Wechselrichter kommutierten Wechselspannung ($u_2'$).
a Bei Kommutierung im Nulldurchgang von $u_2$,
b bei Kommutierung vor dem Nulldurchgang von $u_2$.

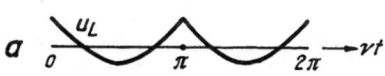

Bild 7. Verlauf der Spannung an der Drosselspule ($u_L$).
a Bei Kommutierung im Nulldurchgang von $u_2$,
b bei Kommutierung vor dem Nulldurchgang von $u_2$.

$$u_L = \sum_1^\infty [a_m \sin 2m(\nu t + \alpha) + b_m \cos 2m(\nu t + \alpha)] \quad (m = 1, 2 \ldots).$$

Die harmonische Analyse[1] erbringt für die Koeffizienten die Werte

$$a_m = U_{10} \cdot \frac{4m}{4m^2 - 1} \operatorname{tg} \alpha,$$
$$b_m = U_{10} \cdot \frac{2}{4m^2 - 1}.$$

Mit der Beziehung

$$\operatorname{tg} \delta_m = \frac{1}{2m} \cdot \operatorname{ctg} \alpha$$

wird

$$u_L = U_{10} \sum_1^\infty \frac{2}{4m^2 - 1} \sqrt{4m^2 \operatorname{tg}^2 \alpha + 1} \sin[2m(\nu t + \alpha) + \delta_m]. \tag{3'}$$

Bei der verlustfreien Drosselspule entspricht jeder Spannungswelle $u_{Lm}$ eine Stromwelle

$$i_{1m} = -\mathfrak{J}_{1m} \sqrt{2} \cos[2m(\nu t + \alpha) + \delta_m]. \tag{3''}$$

Die Amplituden beider Wellen sind durch die Beziehung

$$U_{10} \frac{2}{4m^2 - 1} \sqrt{4m^2 \operatorname{tg}^2 \alpha + 1} = 2m\nu \cdot \mathfrak{J}_{1m} \sqrt{2} \cdot L \tag{3}$$

miteinander verbunden. Eine einfache Durchrechnung zeigt, daß in der Wechselstromkomponente der Einfluß der oberen Harmonischen ohne weiteres gegenüber der Grundwelle zu vernachlässigen ist. Wird demgemäß mit dem Verhältnis der Amplitude der Grundwelle zum Gleichstrommittelwert die Welligkeit des Gleichstroms bezeichnet, d. h. wird die Definitionsgleichung

$$\frac{\mathfrak{J}_{11} \sqrt{2}}{\mathfrak{J}_{10}} = k \tag{4}$$

eingeführt (siehe Bild 8), so folgt für die Induktivität der Drosselspule die Bestimmungsgleichung[2]

[1] A. Koehler u. A. Walther, Arch. Elektrotechn. Bd. 25 (1931) S. 747.
[2] Nach Einsetzung der Werte für $U_{10}$ und $\mathfrak{J}_{10}$ aus den Gleichungen (2) und (7) folgt mit dem Verbraucher-Wirkwiderstand $R_2$ und $\nu = 2\pi \cdot 16^2/_3$

$$L = \frac{2{,}58 \cdot \cos \alpha}{k} \sqrt{4 - 3 \cos^2 \alpha} \cdot R_2 \cdot 10^{-3} \text{ Henry}.$$

$$L = \frac{1}{k} \frac{\sqrt{4\operatorname{tg}^2 \alpha + 1}}{3\nu} \frac{U_{10}}{\mathfrak{J}_{10}}. \qquad (5)$$

Diese gilt natürlich nur solange, als von einer Welligkeit im eben definierten Sinne gesprochen werden kann, d. h. nur für $k \leq 1$.

In der Rechnung sind die von der Gleichrichtungswelligkeit herrührenden Oberwellen der Gleichspannung außer acht gelassen worden. Man erkennt sofort, daß diese bei der Dimensionierung der Drosselspule nur dann berücksichtigt werden

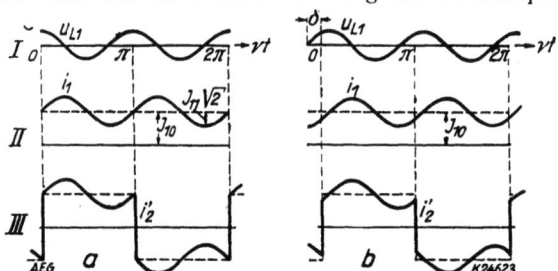

a Bei Kommutierung im Nulldurchgang von $u_2$,
b bei Kommutierung vor dem Nulldurchgang von $u_2$.
 I. Grundwelle der Drosselspannung ($u_{L1}$),
 II. dem Wechselrichter zufließender Gleichstrom ($i_1$),
 III. vom Wechselrichter abgegebener Wechselstrom ($i_2'$).

Bild 8. Zur Ermittlung des Verlaufs des vom Wechselrichter gelieferten Wechselstromes.

müssen, wenn sie den Verlauf der Drosselspulenspannung erheblich beeinflussen. Bei der hier betrachteten Umformung ist das nicht der Fall, so daß die Rechnung als ausreichend genau anzusehen ist.

### c) Berechnung des Gleichstroms.

Aus der Energiebilanz der Umformeranordnung folgt die Gleichheit des Mittelwerts der verbrauchten Wirkleistung mit dem Mittelwert der im Gleichstromkreise übertragenen Leistung. Da die der Gleichspannung und dem Gleichstrom überlagerten Wechselkomponenten keinen merkbaren Beitrag zur Energieübertragung liefern, zumal wegen der großen Verschiedenheit der Frequenz ihrer Grundwellen, so wird die übertragene Wirkleistung $N$ schlechthin wiedergegeben durch das Produkt aus den Mittelwerten $U_{10}$ der Gleichspannung und $\mathfrak{J}_{10}$ des Gleichstroms:

$$N = U_{10} \cdot \mathfrak{J}_{10}. \qquad (6)$$

Bezeichnet $\mathfrak{J}_2'{}_w$ die in den Verbraucher fließende Wirkkomponente des Wechselstroms, so folgt wegen $N = U_2 \cdot \mathfrak{J}_2'{}_w$ mit Rücksicht auf Gleichung (2)

$$\mathfrak{J}_{10} = \frac{1,11}{\cos \alpha} \mathfrak{J}_2'{}_w. \qquad (7)$$

Wegen seiner Welligkeit hat der Gleichstrom gemäß Bild 8 und Gleichung (4) den Effektivwert

$$\mathfrak{J}_1 = \mathfrak{J}_{10} \sqrt{1 + \frac{k^2}{2}}. \qquad (8)$$

### d) Leistungsregelung.

Gemäß Gleichung (6) kann die übertragene Leistung geregelt werden durch Veränderung entweder von $U_{10}$ oder von $\mathfrak{J}_{10}$. Bei konstanter Wechselspannung $U_2$ und konstantem Zündvoreilwinkel $\alpha$ ist nach Gleichung (2) $U_{10}$ an einen festen Wert gebunden. Es bleibt somit nur die Beeinflussung des Gleichstrommittelwertes. Liegt zwischen Gleichrichter und Wechselrichter der konstante Ohmsche Widerstand $R_1$ und bezeichnet $E_{10}$ die mittlere vom Gleichrichter erzeugte Spannung, nimmt man weiterhin der Einfachheit halber den Gleichstrom für den Augenblick als glatt an, dann wird seine Größe

$$\mathfrak{J}_{10} = \frac{E_{10} - U_{10}}{R_1}.$$

Wie bereits erwähnt, wird mit Hilfe der Steuergitter die „mittlere Öffnung" der Gleichrichtergefäße beeinflußt und dadurch der erforderliche Wert des Gleichstroms und somit der zu übertragenden Leistung eingestellt.

e) Scheinleistung der Synchronmaschine.

Die von der Synchronmaschine gegebene sinusförmige Netzspannung erzwingt eine sinusförmige Stromaufnahme des Verbrauchers. Nun liefert der Wechselrichter aber nach Bild 8 zwangsläufig einen von der Sinusform abweichenden, d. h. einen mehrwelligen Wechselstrom. In Bild 9 sind der von einer Wirkbelastung aufgenommene Strom $i_2$ und der Wechselrichterstrom $i_2'$ aufgetragen, letzterer jetzt wie in Bild 3 schematisch rechteckförmig verlaufend. Der Wechselrichter liefert abwechselnd mehr Strom, als dem Verbraucher zufließen kann, und dann wieder weniger Strom, als der Verbraucher anfordert. Gemäß der Schaltanordnung in Bild 4 muß die Maschine die am Knotenpunkt entstehende Differenz decken. Aus Wechselrichter- und Verbraucherstrom folgt somit ohne weiteres der in Bild 9 dargestellte Maschinenstrom $i_M$. Der vom Wechselrichter kommende Strom $i_2'$ wird aufgeteilt in den zum Verbraucher

a Bei Kommutierung im Nulldurchgang von $u_2$,
b bei Kommutierung vor dem Nulldurchgang von $u_2$.
$i_2$ Zum Verbraucher fließender Strom,
$i_M$ in die Maschine fließender Strom.

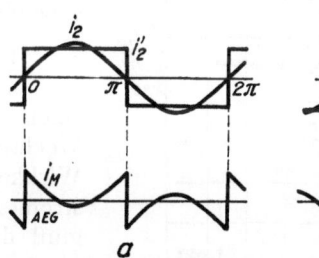
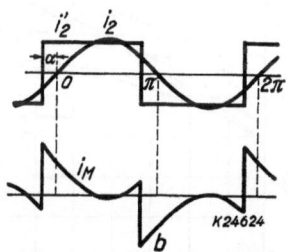

Bild 9. Aufteilung des Wechselrichterstromes $i_2'$.

fließenden Strom $i_2$ und in den von der Maschine aufgenommenen Strom $i_M$. Bildlich gesprochen heißt das, der Verbraucher entnimmt sich aus den vom Wechselrichter kommenden Stromwellen lediglich die ihm passende Welle, während die Maschine alle übrigen Wellen verschlucken muß. Die Zeitkonstante des Wechselstromkreises wird zu Null angenommen, da die Kommutierungsdauer im Wechselrichter als verschwindend kurz vorausgesetzt wird. Infolgedessen enthält die Maschine **keine** Streureaktanz, so daß die sprunghaften Stromveränderungen nicht die Sinusform der Spannung beeinträchtigen.

Für die Scheinleistung der Maschine kennzeichnend ist das Produkt aus Effektivwert des Maschinenstromes und Effektivwert der Spannung. Die Berechnung des Effektivwertes des Stromes wird einfach bei Trennung des vom Wechselrichter kommenden mehrwelligen Stromes $i_2'$ in netzfrequente und netzfrequenzfremde Stromwellen. Die ersteren werden aufgeteilt in eine Komponente in Phase mit der Netzspannung, die Wirkkomponente $i_2'{}_W$, und eine um 90° dagegen verschobene Komponente, die Blindkomponente $i_2'{}_B$. Die netzfrequenzfremden Stromwellen bilden die Verzerrungsströme $i_2'{}_V$.

Der Effektivwert des Wechselrichterstroms, dem Betrage nach gleich dem Effektivwert des Gleichstromes gemäß Gleichung (8), wird dann

$$\mathcal{J}_2' = \sqrt{\mathcal{J}_2'{}_W{}^2 + \mathcal{J}_2'{}_B{}^2 + \mathcal{J}_2'{}_V{}^2}.$$

Für den in Bild 8b wiedergegebenen Wechselrichterstrom wird[1]

---

[1] Der Effektivwert der Grundharmonischen beträgt

$$\mathcal{J}_{21}' = 0{,}9 \cdot \mathcal{J}_{10};$$

die Wirkkomponente $\mathcal{J}_2'{}_W$ dieser Welle folgt aus Gleichung (7), für die Blindkomponente gilt die Beziehung

$$\mathcal{J}_2'{}_B = \sqrt{\mathcal{J}_{21}'{}^2 - \mathcal{J}_2'{}_W{}^2}.$$

Die Verzerrungskomponente ergibt sich mit $\mathcal{J}_2' = \mathcal{J}_1$ und Gleichung (8) aus

$$\mathcal{J}_2'{}_V = \sqrt{\mathcal{J}_2'{}^2 - \mathcal{J}_{21}'{}^2}.$$

$$\mathcal{J}_2'{}_W = \mathcal{J}_{10} \cdot 0{,}9 \cos \alpha$$
$$\mathcal{J}_2'{}_B = \mathcal{J}_{10} \cdot 0{,}9 \sin \alpha$$
$$\mathcal{J}_2'{}_V = \mathcal{J}_{10} \sqrt{0{,}19 + \frac{k^2}{2}},$$

die Blindkomponente ist dabei kapazitiv. Da die Last im allgemeinen nur die Wirkkomponente aufnimmt, so fließen Blindkomponente und Verzerrungströme in die Maschine. Nach Einführung der Faktoren

$$\lambda_B = \frac{\mathcal{J}_2'{}_B}{\mathcal{J}_2'{}_W} = \operatorname{tg} \alpha \quad (9\,\mathrm{a})$$

und

$$\lambda_V = \frac{\mathcal{J}_2'{}_V}{\mathcal{J}_2'{}_W} = \frac{1{,}11}{\cos \alpha} \sqrt{0{,}19 + \frac{k^2}{2}} \quad (9\,\mathrm{b})$$

wird der Effektivwert des zur Maschine gehenden Anteils

$$\mathcal{J}'_M = \sqrt{\mathcal{J}_2'{}_B^2 + \mathcal{J}_2'{}_V^2} = \mathcal{J}_2'{}_W \sqrt{\lambda_B^2 + \lambda_V^2}. \quad (10')$$

Im Bahnbetrieb gibt das Netz auch einen induktiven Blindstrom ab. Der Wechselrichter liefert in das Netz nur die Wirkkomponente $\mathcal{J}_2 \cos \varphi = \mathcal{J}_2'{}_W$ des Laststromes, die Blindkomponente $\mathcal{J}_2 \sin \varphi$ muß daher von der Maschine gedeckt werden. Da dieser Blindstrom kapazitiv in die Maschine fließt, addiert er sich arithmetisch zu der vom Wechselrichter kommenden Blindkomponenten $\mathcal{J}_2'{}_B$. Der Effektivwert des Maschinenstromes wird dann in Erweiterung der Gleichung (10')

$$\mathcal{J}_M = \sqrt{(\mathcal{J}_2'{}_B + \mathcal{J}_2 \sin \varphi)^2 + \mathcal{J}_2'{}_V^2}$$

oder mit den Gleichungen (9a, b)

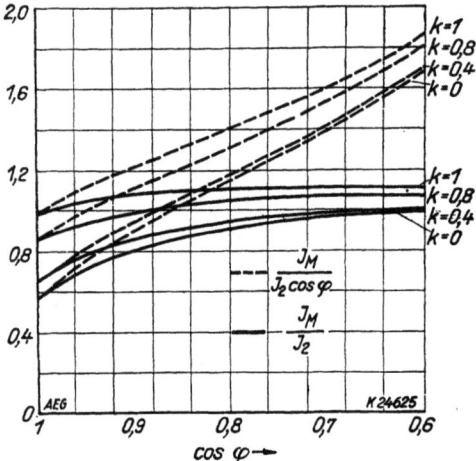

Bild 10. Scheinleistung der streuungslosen Synchronmaschine bei $\alpha = 15^0$.
cos $\varphi$ Leistungsfaktor des Verbrauchers.
--- Scheinleistung bezogen auf Wirkleistung des Verbrauchers,
— Scheinleistung bezogen auf Scheinleistung des Verbrauchers.

$$\mathcal{J}_M = \mathcal{J}_2 \cos \varphi \sqrt{(\lambda_B + \operatorname{tg} \varphi)^2 + \lambda_V^2}. \quad (10)$$

Das Verhältnis $\mathcal{J}_M : \mathcal{J}_2 \cos$ charakterisiert die Scheinleistung der Maschine bezogen auf die Wirkleistung des Verbrauchers und $\mathcal{J}_M : \mathcal{J}_2$ die Scheinleistung der Maschine bezogen auf die Scheinleistung des Verbrauchers. Um einen Überblick über die Größe dieser als streuungslos vorausgesetzten Maschine zu geben, sind in Bild 10 beide Verhältnisse dargestellt bei Variation von $\cos \varphi$. Die Lieferung der Blindleistung erhöht die Scheinleistung der Maschine um ein Beträchtliches, während kleinere Werte der Gleichstromwelligkeit von geringerem Einfluß bleiben.

### f) Typenleistung des Gleichrichtertransformators.

Im allgemeinen ist die Gleichrichteranordnung über einen Transformator an das Drehstromnetz angeschlossen. Wie dieser Transformator hinsichtlich seiner Typenleistung zu bemessen ist, ist für gewöhnliche Gleichrichteranlagen bereits bekannt. Nun nimmt der Gleichstrom infolge des Wechselrichtungsprozesses eine Wechselkomponente von der doppelten Frequenz der Einphasenspannung auf. Es ist somit zu untersuchen, in welchem Maße die Gleichstromwelligkeit die Dimensionierung des Transformators beeinflußt.

Maßgebend für die Wahl der Gleichrichtungsanordnung sind lediglich praktische und wirtschaftliche Gesichtspunkte. Im folgenden sei beispielsweise die dreiphasige Brückenanordnung untersucht, die die sinngemäße Erweiterung der Anordnung nach Bild 2a bildet. Die Gleichrichtergefäße sind voraussetzungsgemäß mit Steuergittern versehen zur Regelung der durchgehenden Leistung. Die Anordnung werde bei ungesteuertem Anodenstrom betrachtet. Der Transformator kann verschiedenartig geschaltet sein. Wegen der besseren Ausnutzung wird seine Sekundärwicklung in Sternschaltung gewählt, die Primärwicklung kann im Stern oder Dreieck angeordnet sein. Nimmt man der Einfachheit halber den Transformator als verlust- und streuungsfrei an und vernachlässigt noch die Magnetisierungsströme, dann haben die sekundären Phasenströme den in Bild 11 dargestellten Verlauf. Der Effektivwert eines Phasenstromes wird nach einiger Rechnung gefunden zu

$$\mathcal{J}_{II} = \mathcal{J}_{10} \sqrt{\frac{2+k^2}{3}}. \qquad (11)$$

Die sekundären Phasenströme sind untereinander gleich. Die Scheinleistung der Sekundärwicklung wird also

$$N^S{}_{II} = U_{II} \mathcal{J}_{II} \sqrt{3}. \qquad (12)$$

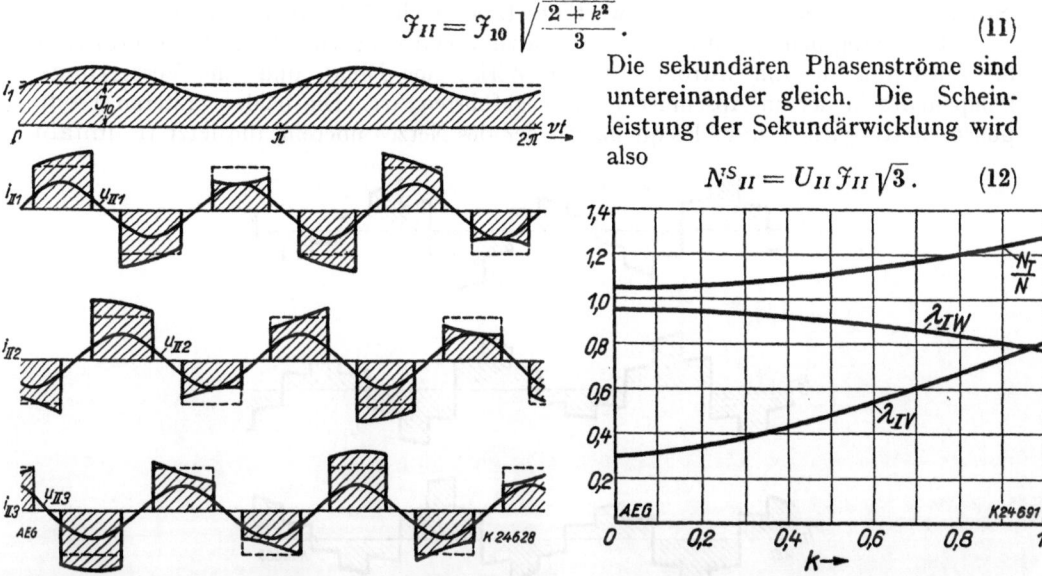

Bild 11. Ströme in den Sekundär- und Primärwicklungen des sekundärseitig im Stern geschalteten Dreiphasentransformators.
$i_1$ Strom im Gleichstromkreise,
$i_{II}$ Phasenströme,
$u_{II}$ Phasenspannung.

Bild 12. $k$ Welligkeit des Gleichstroms.
$\frac{N_T}{N}$ Typenleistung des Gleichrichtertransformators,
$\lambda_{IW}$ Ausnutzung der Drehstromleistungen,
$\lambda_{IV}$ Verzerrungsverhältnis in den Drehstromleitungen.

Da die sekundären Ströme auf der Primärseite entsprechend dem jeweiligen Übersetzungsverhältnis abgebildet werden, so folgt auch Gleichheit der primären Phasenströme. Mit dem Übersetzungsverhältnis 1 : 1 bei primärer Sternschaltung wird demnach $\mathcal{J}_I = \mathcal{J}_{II}$ und dem Übersetzungsverhältnis $\sqrt{3} : 1$ bei primärer Dreieckschaltung $\mathcal{J}'_I = \frac{1}{\sqrt{3}} \cdot \mathcal{J}_{II}$. Die Scheinleistung der Primärseite ist in beiden Fällen unverändert und gleich der sekundären Scheinleistung. Mit Einführung der übertragenen Wirkleistung nach Gleichung (6), wobei wegen der sechsphasigen Welligkeit

$$U_{10} = \frac{3\sqrt{2}}{\pi} U_{II},$$

folgt für die Typenleistung des Gleichrichtertransformators

$$\frac{N_T}{N} = \frac{N^s{}_{II}}{N} = \frac{\pi}{3} \sqrt{1 + \frac{k^2}{2}}. \qquad (13)$$

In Bild 12 ist die Abhängigkeit der Typenleistung von der Gleichstromwelligkeit graphisch wiedergegeben.

### 4. Belastung des Drehstromnetzes.

a) Belastung der Zuleitungen zum Gleichrichtertransformator.

Das die elektrische Energie liefernde Kraftwerk wird sich in erster Linie für die Ausnutzung der zum Umformer führenden Drehstromleitungen interessieren. Maßgebend für die Dimensionierung der Leitungsquerschnitte sind die Effektivwerte der

Ströme, mit anderen Worten die in den Leitungen vorhandene Scheinleistung. Da diese Scheinleistung den zur Übertragung einer bestimmten Leistung erforderlichen Aufwand kennzeichnet, läßt sich das Verhältnis von übertragener Leistung zur aufgewendeten Scheinleistung als Ausnutzungsfaktor der Leitungen definieren. Bei einem symmetrischen Spannungssystem stellt sich dieser Faktor für jede Linie einfach dar als das Verhältnis vom Effektivwert der bei der Leistungsübertragung wirksamen Stromkomponenten zum Effektivwert des tatsächlich fließenden Stromes.

Rechnungsmäßig läßt sich der Ausnutzungsfaktor in jeder Linie leicht ermitteln bei Aufteilung des Linienstromes in eine Wirk-, eine Blind- und eine Verzerrungskomponente in der im Abschnitt 1e durchgeführten Art. Die beiden ersteren Komponenten stimmen in ihrer Frequenz mit der des Netzes überein, die letztere umfaßt

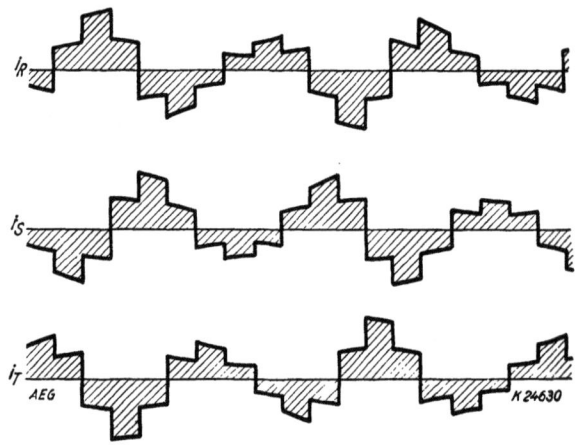

Bild 13. Linienströme bei Dreieckschaltung der Primärwicklung für denselben Gleichstromverlauf wie in Bild 11.

die netzfrequenzfremden Stromwellen. Bei Sternschaltung der primären Transformatorwicklung haben die Linienströme den in Bild 11 angegebenen Verlauf. Die mit Hilfe der harmonischen Analyse ausgeführte Trennung der Wellen ergibt Gleichheit der Wirkkomponenten in den drei Linien. Ihr Wert wird

$$\mathfrak{J}_{IW} = \frac{\sqrt{6}}{\pi}\mathfrak{J}_{10}. \tag{14}$$

Daraus folgt, daß die vom Netz herangebrachte Wirkleistung sich **gleichmäßig auf die drei Linien verteilt**. Blindkomponenten sind nicht vorhanden, die Drosselspule im Gleichstromkreise übt somit keine induktive Rückwirkung auf das Drehstromnetz aus. Mit den Gleichungen (11) und (14) folgt wegen der Gleichheit von $\mathfrak{J}_I$ mit $\mathfrak{J}_{II}$ für die Effektivwerte der Verzerrungsströme

$$\mathfrak{J}_{IV} = \sqrt{\mathfrak{J}_I^2 - \mathfrak{J}_{IW}^2} = 0{,}245\sqrt{1 + 5{,}56\,k^2}\,\mathfrak{J}_{10}. \tag{15}$$

Bei Dreieckschaltung der Primärwicklung haben die Linienströme den in Bild 13 dargestellten Verlauf. Da hier die Phasenströme in ihrer Form gleich sind den Phasenströmen bei Sternschaltung, so folgt auf Grund einer einfachen Überlegung, daß die Linienströme bei Dreieckschaltung die gleichen Stromkomponenten aufweisen wie die Linienströme bei Sternschaltung. Die Komponenten sind somit **unabhängig von der Schaltart der primären Transformatorwicklung**.

Für beide Fälle wird dann aus Gleichung (14) und (11) mit $\mathfrak{J}_I = \mathfrak{J}_{II}$ der Ausnutzungsfaktor

$$\lambda_{IW} = \frac{\mathfrak{J}_{IW}}{\mathfrak{J}_I} = \frac{3}{\pi}\frac{1}{\sqrt{1+\frac{k^2}{2}}} \tag{16}$$

als reziproker Wert der in Gleichung (13) angegebenen Typenleistung des Gleichrichtertransformators. Bild 12 bringt graphisch den Verlauf der Ausnutzung in Abhängigkeit von der Gleichstromwelligkeit. Der Ausnutzungsfaktor gilt zunächst nur für die Belastung einer Linie, wegen der Gleichheit der einander entsprechenden Stromwerte in allen Linien gilt der Faktor gleichzeitig auch als mittlerer Wert für die Gesamtausnutzung des Drehstromsystems. Nach Einführung des Verzerrungsverhältnisses

$$\lambda_{IV} = \frac{\mathcal{J}_{IV}}{\mathcal{J}_{IW}} = 0{,}314 \sqrt{1 + 5{,}56\, k^2} \tag{17}$$

ist der Einfluß der Verzerrungsströme aus der von Gleichung (16) mit Gleichung (15) abgeleiteten Beziehung

$$\lambda_{IW} = \frac{\mathcal{J}_{IW}}{\sqrt{\mathcal{J}_{IW}^2 + \mathcal{J}_{IV}^2}} = \frac{1}{\sqrt{1 + \lambda_{IV}^2}}$$

leicht zu übersehen. In Bild 12 ist der Verlauf des Verzerrungsverhältnisses in Abhängigkeit von der Gleichstromwelligkeit graphisch dargestellt.

b) **Belastung des Drehstromnetzes durch den Umformer bei schon vorhandener Grundlast.**

Im allgemeinen bildet die zum Umformer gehende Leistung nur einen Teil der vom Kraftwerk gelieferten Leistung, der Umformer stellt dann einen Zusatz zu der die Grundleistung aufnehmenden Hauptbelastung dar. Beträgt der zur letzteren fließende Wirkstrom $\mathcal{J}_{HW} = \mathcal{J}_H \cos \varphi_H$ und der Blindstrom $\mathcal{J}_{HB} = \mathcal{J}_H \sin \varphi_H$, so wird mit den im vorigen Abschnitt ermittelten Umformerstromkomponenten $\mathcal{J}_{IW}$ und $\mathcal{J}_{IV}$ der Effektivwert des vom Kraftwerk kommenden Stromes

$$\mathcal{J} = \sqrt{(\mathcal{J}_{IW} + \mathcal{J}_{HW})^2 + \mathcal{J}_{HB}^2 + \mathcal{J}_{IV}^2}\,.$$

Bedeutet wegen der sinusförmigen Netzspannung $\dfrac{\mathcal{J}_{IW}}{\mathcal{J}_{HW}} = m$ das Verhältnis der in den Umformer gehenden Wirkleistung zu der vom Hauptverbraucher aufgenommenen Wirkleistung, dann ist mit Rücksicht auf Gleichung (17)

$$\mathcal{J} = \mathcal{J}_{HW} \sqrt{(m+1)^2 + \mathrm{tg}^2 \varphi_H + (m\, \lambda_{IV})^2}\,. \tag{18}$$

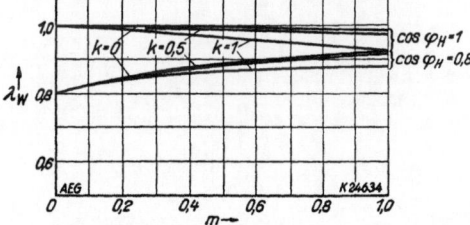

Bild 14. Ausnutzung der Kraftwerksleitungen bei Variation des Verhältnisses $m$ von Umformer- zur Hauptbelastung.
$\lambda_W$ Ausnutzungsfaktor,
$k$ Gleichstromwelligkeit,
$\cos \varphi_H$ Leistungsfaktor der Hauptbelastung.

Der Ausnutzungsfaktor für die zum Kraftwerk führenden Leitungen wird dann

$$\lambda_W = \frac{\mathcal{J}_{HW} + \mathcal{J}_{IW}}{\mathcal{J}} = \frac{1}{\sqrt{1 + \left(\dfrac{\mathrm{tg}\, \varphi_H}{m+1}\right)^2 + \left(\dfrac{m\, \lambda_{IV}}{m+1}\right)^2}}\,. \tag{19}$$

Bild 14 zeigt den Verlauf dieses Faktors bei Variation von $m$ für verschiedene Gleichstromwelligkeiten, einmal bei reiner Wirkbelastung durch den Hauptverbraucher, einmal bei induktiver Belastung. In letzterem Falle wirkt der Umformer verbessernd auf die Ausnutzung der Kraftwerksleitungen.

## 5. Oszillographische Aufnahmen von Spannungs- und Stromkurven.

Um eine Bestätigung für die Richtigkeit der gezeichneten Spannungs- und Stromkurven zu erhalten, wurden an einer Versuchsanlage für etwa 3 kW Leistung

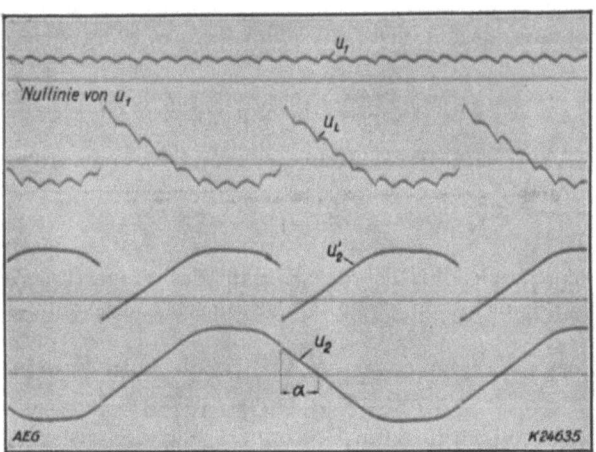

Bild 15. Oszillogramm der Spannungen im Umformer.
$u_1$ Vom Gleichrichter erzeugte Gleichspannung,
$u_L$ Spannung an der Drosselspule,
$u_2'$ kommutierte Wechselspannung,
$u_2$ Einphasen-Wechselspannung.

Spannungen und Ströme oszillographiert. Bild 15 bringt das Oszillogramm der vom Gleichrichter gelieferten, sechsphasig gewellten Gleichspannung $u_1$, der Drosselspulen-

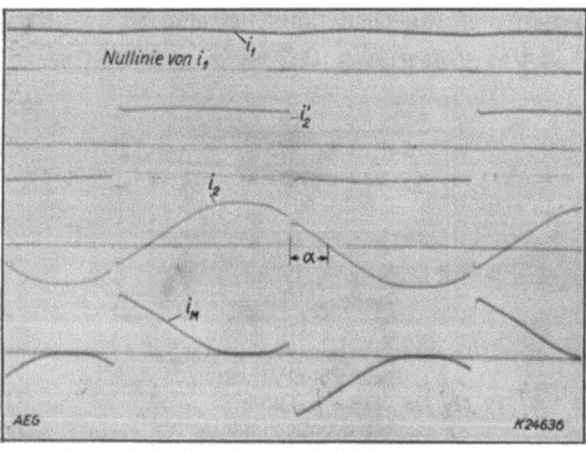

Bild 16. Oszillogramm der Ströme im Umformer.
$i_1$ Dem Wechselrichter zugeführter Gleichstrom,
$i_2'$ vom Wechselrichter abgegebener Wechselstrom,
$i_2$ dem Verbraucher zufließender Strom,
$i_M$ in die Maschine fließender Strom.

spannung $u_L$, der kommutierten Wechselspannung $u_2'$ und der Einphasenspannung $u_2$ zum Vergleich mit den entsprechenden Spannungskurven in den Bildern 6b und 7b. Im Unterschied gegen Bild 7b weist $u_L$ jetzt die von der gewellten Gleichspannung $u_1$ herrührenden Oberwellen auf. In Bild 16 ist ein Oszillogramm mit der Aufteilung des Wechselrichterstromes $i_2'$ in den Laststrom $i_2$ und den Maschinenstrom $i_M$ entsprechend der Darstellung in Bild 9b wiedergegeben. Die Oszillogramme Bild 17 und

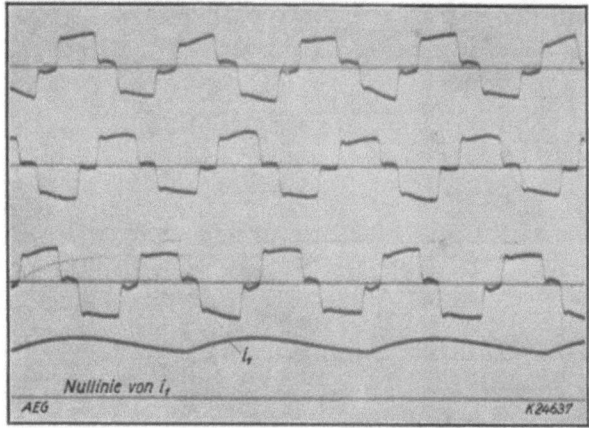

Bild 17. Oszillogramm der Linienströme bei Sternschaltung der Primärwicklung des Transformators.

Bild 18 enthalten die Linienströme bei Stern- bzw. Dreieckschaltung der primären Wicklung des Gleichrichtertransformators. Sie stimmen mit den Kurven in Bild 11 und Bild 13 gut überein.

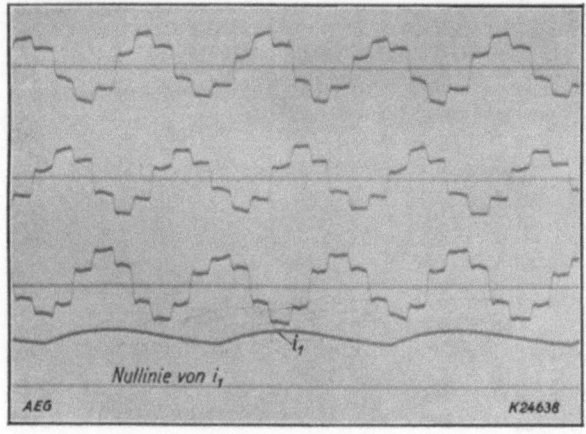

Bild 18. Oszillogramm der Linienströme bei Dreieckschaltung der Primärwicklung des Transformators.

Die Anregung zur vorliegenden Untersuchung sowie wertvolle Hinweise verdanke ich Herrn Dr.-Ing. H. Laub.

# Zur Theorie der Drehstrom-Einphasenstrom-Umformung mit Hüllkurven-Umrichtern.

**Inhalt:** Der von Löbl angegebene Umrichter wird als Beispiel für einen Hüllkurven-Umrichter untersucht. Die Arbeitsweise des Umrichters wird erläutert und es werden die Spannungs- und Stromverhältnisse auf der Einphasen- und der Drehstromseite in Abhängigkeit vom sekundären Phasenwinkel dargestellt; bei der Behandlung der Belastungsverhältnisse im Drehstromnetz wird auch der Fall der Parallelarbeit des Umrichters mit einer Grundlast einbezogen.

Die gezeichneten Strom- und Spannungskurven und die Rechnungen werden durch die experimentell gefundenen Ergebnisse bestätigt.

**Einleitung.** In einer früheren Arbeit[1] wurde die Erzeugung von Einphasenstrom aus Drehstrom durch Umrichtung über Gleichstrom behandelt. Dieser mittelbaren Umformung steht das in der vorliegenden Arbeit behandelte Prinzip einer unmittelbaren Umrichtung gegenüber. Die zu gewinnende Einphasenspannungskurve wird hierbei Stück für Stück durch Aneinanderreihung von mehreren, dem Drehstromnetz passend entnommenen Teilspannungen aufgebaut, derart, daß die Umhüllende der entstehenden Kurve annähernd Sinusform hat. Aus der Literatur der letzten Zeit sind mehrere Umrichteranordnungen dieser Art bekannt geworden[2]. Im folgenden sei beispielsweise der von Löbl angegebene Umrichter näher untersucht.

## A. Aufbau und Arbeitsbedingungen des Umrichters.
### I. Beschreibung des Umrichters.

Beim Umrichter nach Löbl[3] sind die Amplituden der einzelnen, zum Aufbau der Einphasenspannungskurve dienenden Teilspannungen abgestuft. Die Zusammensetzung der Spannungskurve $u_2$ aus beispielsweise sechs Teilspannungen $u_{21} \ldots u_{26}$ geht aus Bild 1 hervor, während Bild 2a das Prinzip-Schaltbild für den Umrichter darstellt. Die Teilspannungen werden einem sekundärseitig im Stern geschalteten Drehstromtransformator entnommen, dessen sekundäre Windungszahlen

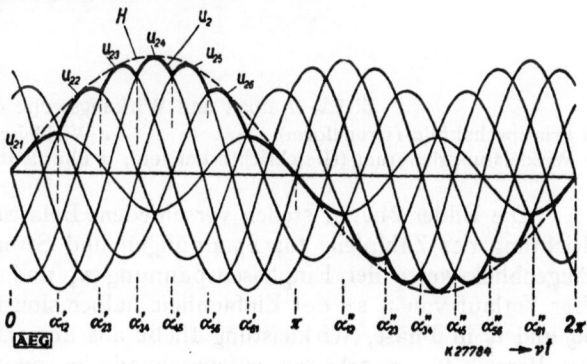

Bild 1. Zusammensetzung der Einphasenspannungskurve aus den Teilspannungen.

---

[1] R. Feinberg, Zur Theorie der Drehstrom-Einphasenstrom-Umformung mit Gleich- und Wechselrichtern. Arch. Elektrotechn. Bd. 26 (1932) S. 200. (Ein hier stehengebliebener Fehler ist am Schluß der vorliegenden Arbeit berichtigt s. S. 35.)

[2] Vgl. die zusammenfassende Darstellung von H. Laub, Umrichter. Arch. Elektrotechn. Bd. 27 (1933) S. 215.

[3] O. Löbl, Bahnumrichter System Löbl/RWE, Elektr. Bahnen, Bd. 8 (1932) S. 65. – Diskussionsbeitrag. Elektrotechn. Z. Bd. 53 (1932) S. 775.

den Amplituden der Teilspannungen entsprechend abgestuft sind. Der Sternpunkt der Sekundärwicklung führt direkt zu der einen Leitung des Einphasennetzes, während die Wicklungsenden über Paare gegensinnig parallel geschalteter gittergesteuerter Entladungsgefäße mit der anderen Leitung des Netzes verbunden sind. Die Gefäße haben dabei die Aufgabe, jeden Sekundärstrang nur dann an das Einphasennetz anzuschalten, d. h. stromführend werden zu lassen, wenn die zugehörige Strangspannung als Teilspannung zur Bildung der Einphasenkurve wirken soll; in den übrigen Zeitabschnitten wird der Strang gesperrt gehalten. Weiterhin geben die Gefäße die Möglichkeit einer einfachen Kommutierung des Stromes von einem Strang zum anderen, die durch die Aufeinanderfolge der Stromführung in den einzelnen Sekundärsträngen erforderlich wird.

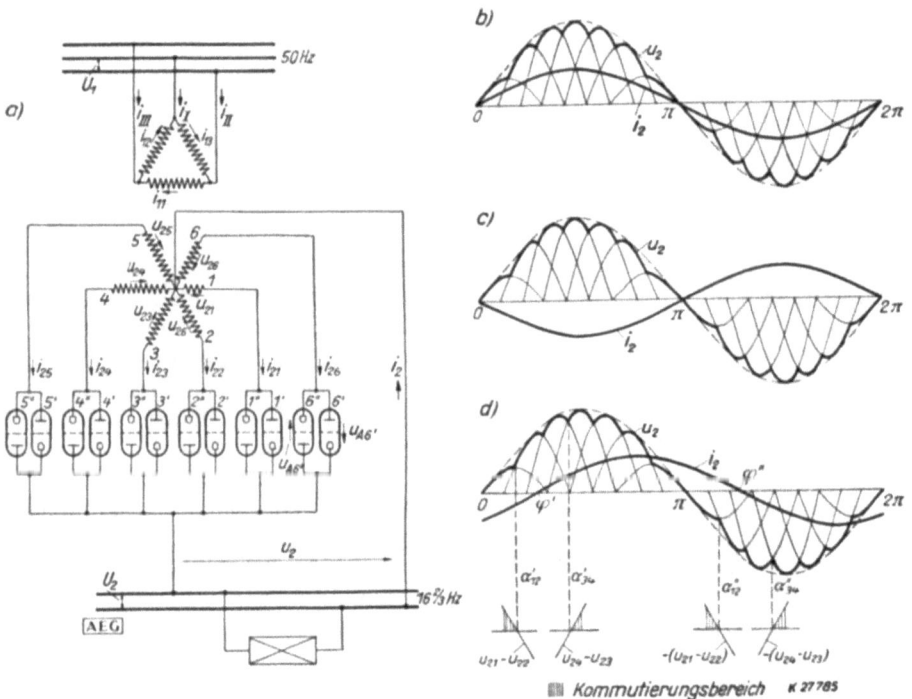

Bild 2. Aufbau und Wirkungsweise des Umrichters.
*a* Prinzipschaltbild (Grundform),      *c* Wirkleistungsrückgabe (Wechselrichterbetrieb),
*b* Wirkleistungslieferung (Gleichrichterbetrieb),    *d* Blindleistungslieferung (Gemischter Betrieb).

Die Bilder 2b...d stellen verschiedene Belastungsfälle des Umrichters. Die Richtung der Zählpfeile für Spannungen und Ströme in Bild 2a gibt die positiven Augenblickswerte der Einphasenspannung $u_2$ und des Einphasenstromes $i_2$ wieder. Der Verlauf von $i_2$ sei der Einfachheit halber sinusförmig. Im Beispiel Bild 2b sind $u_2$ und $i_2$ in Phase, Wirkleistung fließt aus dem Drehstrom- in das Einphasennetz. Im Bereich $0...\pi$ arbeiten entsprechend der positiven Stromrichtung die Gefäße $1'...6'$, wegen der Stromumkehr sind im Bereich $\pi...2\pi$ hingegen die Gefäße $1''...6''$ tätig. Die Arbeitsweise des Umrichters gleicht der eines sechsphasigen Gleichrichters. Im Falle Bild 2c fließt die Energie in der entgegengesetzten Richtung. Infolge des umgekehrt gerichteten Stromes werden im Bereich $0...\pi$ die Gefäße $1''...6''$ und im Bereich $\pi...2\pi$ die Gefäße $1'...6'$ freigegeben. Die Anordnung wirkt jetzt wie ein sechsphasiger Wechselrichter[1].

---
[1] Über die Beziehung zwischen Gleichrichter und Wechselrichter siehe die in Fußnote 1 S. 17 zitierte Arbeit oder ausführlicher z. B. D. C. Prince, The Inverter, Gen. electr. Rev. Bd. 28 (1925) S. 676; H. Laub, Stromrichter. Elektrotechn. u. Maschinenb. Bd. 50 (1932) S. 332;

Damit nun jede beliebige Phasenlage des Einphasenstromes und der damit verknüpfte Blindleistungsbezug aus dem Drehstromnetz vom Umrichter bewältigt werden kann, müssen offenbar im Bereiche $0\ldots\pi$ die Gefäße $1'\ldots6'$ in „Gleichrichter-Bereitschaft" und die Gefäße $1''\ldots6''$ in „Wechselrichter-Bereitschaft" stehen, im Bereich $\pi\ldots2\pi$ hingegen $1''\ldots6''$ in Gleichrichter- und $1'\ldots6'$ in Wechselrichter-Bereitschaft sein. Für das Beispiel in Bild 2d folgt demnach „Gleichrichterbetrieb" des Umrichters in den Abschnitten $\varphi'\ldots\pi$ und $\varphi''\ldots2\pi$ und „Wechselrichterbetrieb" in den Abschnitten $0\ldots\varphi'$ und $\pi\ldots\varphi''$.

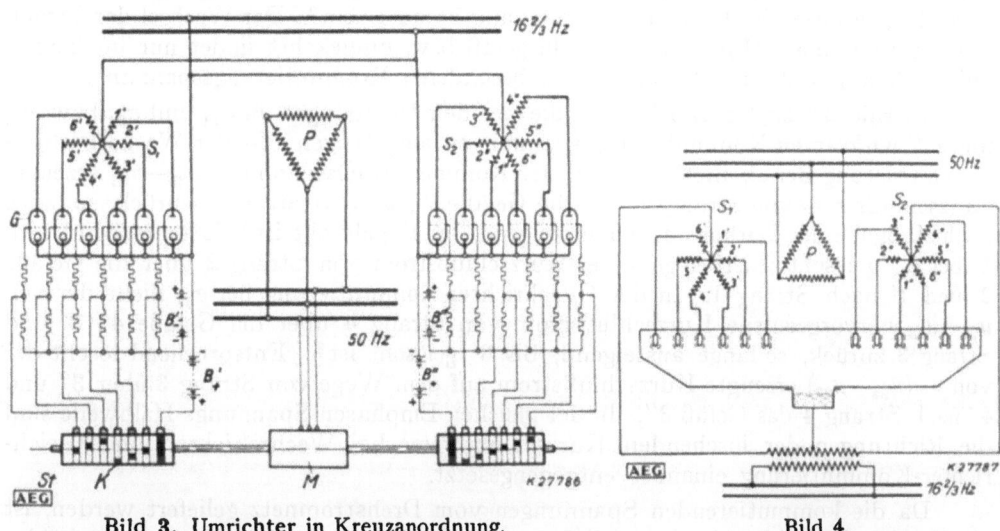

Bild 3. Umrichter in Kreuzanordnung.
$P$, $S_1$, $S_2$ Primär- bzw. Sekundärwicklung des Transformators,
$G$ Entladungsgefäße, $St$ Steuerwalze,
$M$ 6 poliger Synchronmotor.

Bild 4.
Zweiweg-Anordnung
des Umrichters.

Aus Zweckmäßigkeitsgründen seien die in Gleichrichterbereitschaft stehenden Gefäße mit „Plusgefäße" und die in Wechselrichterbereitschaft stehenden Gefäße mit „Minusgefäße" bezeichnet.

Die in Bild 2a dargestellte „Grundform" der Umrichteranordnung bedingt wegen der teilweisen Verschiedenheit des Kathodenpotentials zur Hälfte die Verwendung von einanodigen Gefäßen. Dieser Nachteil wird umgangen mit Hilfe einer zusätzlichen Sekundärwicklung auf dem Transformator, die an sich genau wie die ursprüngliche ausgelegt ist, deren Strangspannungen jedoch gegen die entsprechenden der ersten Wicklung um $180^0$ phasenverschoben liegen. Die einander entsprechenden Sekundärstränge liegen schaltungsmäßig miteinander parallel, so daß die in Bild 3 angegebene Anordnung hinsichtlich ihrer Wirkungsweise der Grundform vollkommen äquivalent ist. Die eine Halbwelle des Einphasenstromes wird jetzt von der einen Gruppe Wicklung + Gefäße geliefert und die andere Halbwelle von der anderen Gruppe.

Während bei der „Kreuzanordnung" in Bild 3 sechsanodige Entladungsgefäße verwendet werden können, ermöglicht die in Bild 4 gebrachte Anordnung die Verwendung von zwölfanodigen Gefäßen. Die Arbeitsweise dieser „Zweiweg-Anordnung" unterscheidet sich von der vorhergehenden nur dadurch, daß die eine Halbwelle des erzeugten Einphasenstromes durch die eine und die andere Halbwelle durch die zweite Hälfte der Primärwicklung eines zusätzlichen Transformators geschickt werden. In der Sekundärwicklung werden beide Halbwellen zur Vollwelle zusammengesetzt.

H. Meyer-Delius, Die Entwicklung des gittergesteuerten Quecksilberdampf-Gleichrichters zum Universalumformer, BBC Nachr. Bd. 19 (1932) S. 82; H. Laub, Die Wirkungsweise netzgeführter Wechselrichter, Elektrotechn. Z. Bd. 54 (1933), erscheint demnächst.

## II. Arbeitsbedingungen des Umrichters.

### a) Kommutierung.

Entsprechend der jeweilig vorliegenden Betriebsart des Umrichters vollzieht sich die Kommutierung entweder wie bei einem Gleichrichter oder wie bei einem Wechselrichter, d. h. entweder sie beginnt im Nulldurchgang der kommutierenden, in ihrer Größe steigenden Spannung[1], oder sie muß, bei Vernachlässigung der Entionisierungszeit des zu löschenden Gefäßes, spätestens im Nulldurchgang der kommutierenden, in ihrer Größe fallenden Spannung beendet sein[2]. Der Wechsel der Stromführung von einem Minus- auf ein Plusgefäß bzw. umgekehrt findet nur im Stromnulldurchgang statt und bedarf keiner besonderen Kommutierungsspannung.

In Bild 2d sind beispielsweise die bei den Übergängen in $\alpha'_{12}$ und $\alpha'_{34}$ bzw. $\alpha''_{12}$ und $\alpha''_{34}$ wirksamen Kommutierungsspannungen aufgetragen. In der Wechselrichter-Kommutierung bei $\alpha'_{12}$ fließt der von der Kommutierungsspannung $u_{21}-u_{22}$ erzeugte Kurzschlußstrom von Strang 1 über die Gefäße 1'', 2'' und Strang 2 zurück, so lange nach Maßgabe der Zeitkonstanten ansteigend, bis 1'' gelöscht ist[3]. Entsprechend wird 1' bei $\alpha''_{12}$ gelöscht; hierbei geht der Kurzschlußstrom von Strang 2 über die Gefäße 2' und 1' nach Strang 1. In der Gleichrichter-Kommutierung bei $\alpha'_{34}$ fließt der von $u_{24}-u_{23}$ hervorgerufene Kurzschlußstrom von Strang 4 über die Gefäße 4', 3' und Strang 3 zurück, so lange ansteigend, bis 3' gelöscht ist[3]. Entsprechend löscht der von $-(u_{24}-u_{23})$ erzeugte Kurzschlußstrom auf dem Wege von Strang 3 über 3'' und 4'' nach Strang 4 das Gefäß 3''. In der gleichen Einphasen-Spannungs-Halbwelle sind die Richtungen der löschenden Kurzschlußströme bei Wechselrichter- und Gleichrichter-Kommutierung einander entgegengesetzt.

Da die kommutierenden Spannungen vom Drehstromnetz geliefert werden, ist ein Umrichterbetrieb mit Energielieferung in Richtung aus dem Drehstrom- in das Einphasennetz ohne eine eingeprägte Einphasenspannung durchaus durchzuführen, ein Betrieb mit Energielieferung in der umgekehrten Richtung ohne eine eingeprägte Drehspannung jedoch nicht durchführbar.

### b) Steuerung der Gitterpotentiale.

Gleichrichter- und Wechselrichterbetrieb der Gefäße bringen es offenbar mit sich, daß der Potentialverlauf an den Anoden und die damit im Einklang stehende Gittersteuerung der Plus- bzw. Minusgefäße im wesentlichen diesen beiden Betriebsarten entsprechen. Zur Nachprüfung dieser Aussage dient die Aufzeichnung des Verlaufs der Spannung $u_{Am'}$ zwischen Anode und Kathode jedes Gefäßes $m'$. Mit der Teilspannung $u_{2m}$ und der Einphasenspannung $u_2$ gilt nach Bild 2a die Beziehung

$$u_{Am'} = u_{2m} - u_2 \tag{1a}$$

und für das parallel geschaltete Gefäß $m''$

$$u_{Am''} = -(u_{2m} - u_2). \tag{1b}$$

Bild 5a bringt die mit Vernachlässigung des Spannungsabfalls der Gefäße sich ergebenden Anodenpotentiale, deren Verlauf in der Tat mit der Voraussage übereinstimmt. Jede Anode erfährt je eine Halbperiode lang eine Gleichrichter- bzw. eine Wechselrichterbeanspruchung, d. h. das Potential ist im wesentlichen negativ bzw.

---

[1] D. C. Prince, Rectifier Vave Forms, Gen. electr. Rev. Bd. 27 (1924) S. 613.

[2] D. C. Prince, The Inverter, Gen. electr. Rev. Bd. 28 (1925) S. 678.

[3] Über die Kommutierung bei Gleichrichtern bzw. Wechselrichtern siehe neben den bereits genannten Arbeiten von D. C. Prince beispielsweise auch W. Dällenbach und E. Gerecke, Die Strom- und Spannungsverhältnisse der Großgleichrichter, Arch. Elektrotechn. Bd. 14 (1924) S. 179. — H. Hafner, La valve à vapeur de mercure avec grilles de contrôle et son emploi comme redresseur réversible, Rev. gén. Electr. Bd. 32 (1932) S. 301. — H. Laub, Die Wirkungsweise netzgeführter Wechselrichter, a. a. O.

positiv. Mit Ausnahme der Zeitabschnitte, wo das Gefäß strombereit sein muß, braucht das Gitter bei negativem Anodenpotential nicht gesteuert zu werden, bei positivem Anodenpotential hingegen muß es auf Sperrung stehen. Als zwingende Bedingung folgt daraus, daß beispielsweise das Gitterpotential des Gefäßes 2' in den Abschnitten $\alpha'_{12}\ldots\alpha'_{23}$ bzw. $\alpha''_{12}\ldots\alpha''_{23}$ wegen der Strombereitschaft des Gefäßes auf Freigabe steht, daß es dagegen in den Abschnitten $\alpha'\ldots\alpha''_{12}$ und $\alpha''_{23}\ldots\alpha''$ sperrend wirkt. Die Zündfreigabe bei $\alpha'_{12}$ erfolgt frühzeitig genug, damit die hier stattfindende Wechselrichter-Kommutierung sicher zu Ende kommt.

Bei Berücksichtigung des Spannungsverbrauchs der Gefäße ist zu beachten, daß dieser im Gleichrichterbetrieb vom Drehstromnetz und im Wechselrichterbetrieb vom

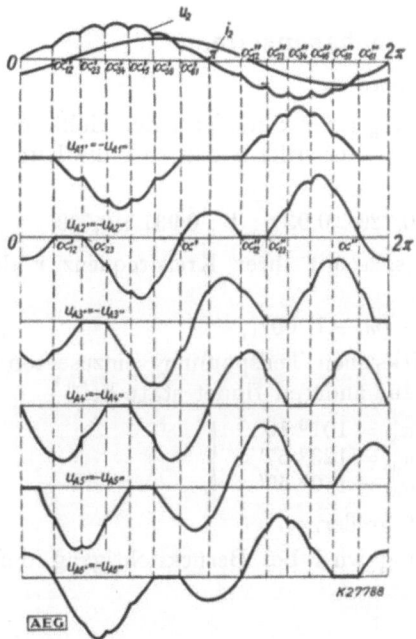 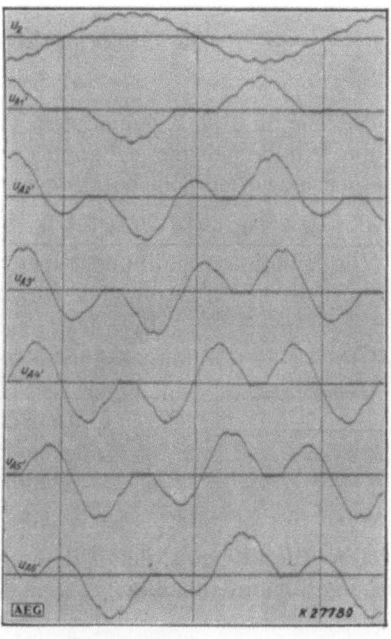

Bild 5a. Verlauf der Anodenpotentiale an den Entladungsstrecken.  Bild 5b. Oszillogramme der Anodenpotentiale.

Einphasennetz aus gedeckt wird. Infolgedessen ist je nach der vorliegenden Betriebsart die in Gleichung (1) einzusetzende Einphasenspannung $u_2$ um den Spannungsverbrauch, d. h. um 12...25 Volt, niedriger oder höher. Die dementsprechend sich ergebende Verlagerung der Anodenpotentiale ist, wie das Oszillogramm Bild 5b auch beweist, nur geringfügig und bewirkt dadurch keinerlei Veränderung der Steuerbedingungen.

Die Deckung des Brennspannungsverbrauchs von der Einphasenseite her ist auch möglich bei einem Fehlen der eingeprägten Einphasenspannung, wenn nämlich der Umrichter einen induktiven Verbraucher speist. Die in der Induktivität gespeicherte magnetische Energie sorgt in den Abschnitten der Energierücklieferung für die Deckung der Verluste in den Minusgefäßen.

Wie die Steuerung der Gitterpotentiale etwa mit Hilfe einer mit der Einphasenfrequenz synchron laufenden Steuerwalze $St$ durchführbar ist, ist in Bild 3 angegeben. An den Gittern liegt normalerweise die von der Batterie $B'_-$ bzw. $B''_-$ gelieferte Sperrspannung, in den Abschnitten der Strombereitschaft der Gefäße wird sie von der von $B'_+$ bzw. $B''_+$ über die Kontakte $K$ der Walze gelieferten Freigabespannung abgelöst.

## B. Rechnerische Behandlung.

### I. Voraussetzungen für die Rechnung.

Für die folgenden Untersuchungen gelten durchweg die vereinfachenden Voraussetzungen: 1. Vernachlässigung des Spannungsverbrauchs der Gefäße; 2. Vernachlässigung von Wirkwiderstand und Streuinduktivität jeder Transformatorwicklung, so daß die Kommutierung in verschwindend kurzer Zeit vor sich geht und dadurch keine Überlappung der einzelnen Ströme erzeugt; 3. die Kommutierung vollzieht sich jeweils im Nulldurchgang der kommutierenden Spannung; 4. Vernachlässigung der Magnetisierungsströme sowie der Verluste des Transformators; 5. die Spannung des Drehstromnetzes ist oberwellenfrei; 6. der Einphasenstrom ist einwellig.

### II. Untersuchung der Einphasenseite.

#### a) Spannungskurve.

Bei der in Bild 1 gemachten Voraussetzung einer Sinusform der Hüllkurve $H$ sind die Windungen der sekundären Stränge so abzustufen, daß sich die Effektivwerte der erzeugten Teilspannungen verhalten wie

$$U_{21} : U_{22} : U_{23} : U_{24} : U_{25} : U_{26} = 0{,}333 : 0{,}729 : 0{,}931 : 1 : 0{,}931 : 0{,}729. \quad (2\,\text{a})$$

Die Einphasenspannungskurve $u_2$ läßt sich mit ihrer Kreisfrequenz $\nu$ demzufolge wiedergeben durch den Ausdruck

$$u_2 = U_{2m}\sqrt{2}\,\sin[3\nu t - (m-1)\,60^0], \quad (2\,\text{b})$$

wobei für $m$ die Ordnungszahl der jeweils wirksamen Teilspannung einzusetzen ist.

Der Übergang von einer Teilspannung zur anderen findet statt bei

$$\left.\begin{array}{ll} \alpha'_{12} = 29^0\ 3' & \alpha'_{45} = 101^0\ 10' \\ \alpha'_{23} = 50^0\ 3' & \alpha'_{56} = 129^0\ 57' \\ \alpha'_{34} = 78^0\ 50' & \alpha'_{61} = 150^0\ 57'. \end{array}\right\} \quad (3)$$

Die Werte für $\alpha''_{12} \ldots \alpha''_{61}$ sind jeweils um $180^0$ größer.

Der Effektivwert der Einphasenspannung wird bei Berücksichtigung der in Gleichung (2) und (3) angegebenen Werte

$$U_2 = \sqrt{\frac{2}{\pi}\int_0^{\frac{\pi}{2}} u_2^2\,d(\nu t)} = 0{,}937\,U_{24}. \quad (4)$$

Die Kurve von $u_2$ enthält nur Sinusglieder ungerader Ordnung, die Reihenentwicklung lautet demzufolge

$$u_2 = \sum_{n=1}^{\infty} U_{2,n}\sqrt{2}\,\sin n\nu t \qquad (n = 1,\ 3,\ 5\ \ldots).$$

Bei Anwendung des von G. Koehler und A. Walther mitgeteilten Verfahrens zur Ermittlung der Fourier-Koeffizienten[1] wird der Effektivwert der $n$-ten Harmonischen (mit Ausnahme von $n = 3$) gefunden mit Hilfe des Ausdrucks

$$U_{2,n} = \frac{12}{\pi}\,\frac{U_{24}}{n^2-9}\,(0{,}632\sin n\cdot 29^0\,3' + 0{,}850\sin n\cdot 56^0\,3' + 0{,}967\sin n\cdot 78^0\,50'). \quad (5\,\text{a})$$

Die Auswertung ergibt für die Grundwelle

$$U_{2,1} = 0{,}935\,U_{24} \quad (5)$$

und für eine Reihe weiterer Harmonischen die in Zahlentafel 1 angegebenen Werte.

---

[1] G. Koehler und A. Walther, Fouriersche Analyse von Kurven mit Sprüngen, Ecken usw. Arch. Elektrotechn. Bd. 25 (1931) S. 747 und Bemerkung von R. Feinberg, sowie Stellungnahme von A. Walther. Arch. Elektrotechn. Bd. 27 (1933) S. 15 u. 19.

Zahlentafel 1. Harmonische der Einphasenspannung.

| $n$ | 3 | 5 | 7 | 9 | 11 | 13 | 15 | 17 | 19 |
|---|---|---|---|---|---|---|---|---|---|
| $\dfrac{U_{2,n}}{U_{24}}$ | −0,025 | −0,017 | −0,001 | 0,016 | 0,024 | 0,012 | −0,041 | 0,016 | −0,004 |
| $\dfrac{U_{2,n}}{U_{2,1}}$ | −0,027 | −0,018 | −0,001 | 0,017 | 0,025 | 0,013 | −0,044 | 0,017 | −0,004 |

Die Grundwelle ist mit ihrem Effektivwert nahezu gleich dem Effektivwert der gesamten Kurve. Von den Oberwellen ragt nur die 15. mit 4,4% der Grundwelle hervor.

### b) Stromkurve.

Die Stromkurve enthält Oberwellen in gleichem Größenverhältnis wie die Spannungskurve, wenn der Umrichter lediglich auf einen reinen Wirkverbraucher arbeitet. Nimmt der Verbraucher jedoch noch einen induktiven Stromanteil auf, so daß zwischen den Grundwellen von Strom und Spannung der Phasenwinkel $\varphi_{2,1}$ liegt, dann wird das Verhältnis des Effektivwertes einer beliebigen Stromoberwelle zum Effektivwert der Stromgrundwelle

$$\frac{I_{2,n}}{I_{2,1}} = \frac{U_{2,n}}{U_{2,1}} \frac{1}{\sqrt{\cos^2 \varphi_{2,1} + n^2 \sin^2 \varphi_{2,1}}} = \frac{U_{2,n}}{U_{2,1}} \cdot f(\varphi_{2,1}). \tag{6}$$

Die durch die Funktion $f(\varphi_{2,1})$ gekennzeichnete Dämpfung der Harmonischen ist in Bild 6 aufgetragen. Die Stromkurve kann demnach schon bei geringer induktiver Phasenverschiebung als praktisch sinusförmig gelten.

Im folgenden ist $i_2$ als oberwellenfrei angenommen. Der Phasenwinkel zwischen $i_2$ und der Spannungsgrundwelle sei der Einfachheit halber mit $\varphi_2$ bezeichnet.

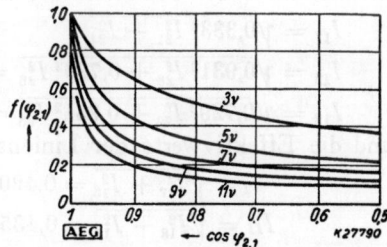

Bild 6. Dämpfung der Stromoberwellen.

## III. Untersuchung der Ströme auf der Drehstromseite.

### a) Berechnung der Effektivwerte.

An Hand von Bild 2d ist zu erkennen, daß jeder Sekundärstrang des Umrichter-Transformators einen von der Dauer der Wirksamkeit der jeweiligen Teilspannung bedingten Ausschnitt aus $i_2$ führt. Die dementsprechend zu bestimmenden Effektivwerte der Sekundärströme werden dann mit $i_2 = I_2 \sqrt{2} \sin(\nu t - \varphi_2)$ und Gleichung (3)

$$\left.\begin{aligned}
I_{21} &= \sqrt{\frac{1}{\pi}\left[\int_0^{\alpha'_{12}} i_2^2 \, d(\nu t) + \int_{\alpha'_{61}}^{\pi} i_2^2 \, d(\nu t)\right]} = 0{,}770\sqrt{1 - 0{,}91 \cos^2 \varphi_2} \cdot I_2 \\
I_{22} &= \sqrt{\frac{1}{\pi}\int_{\alpha'_{12}}^{\alpha'_{23}} i_2^2 \, d(\nu t)} = 0{,}404\sqrt{1 - 0{,}15 \cos^2 \varphi_2 - 0{,}88 \sin 2\varphi_2} \cdot I_2 \\
I_{23} &= \sqrt{\frac{1}{\pi}\int_{\alpha'_{23}}^{\alpha'_{34}} i_2^2 \, d(\nu t)} = 0{,}198\sqrt{1 + 4{,}41 \cos^2 \varphi_2 - 2{,}21 \sin 2\varphi_2} \cdot I_2
\end{aligned}\right\} \tag{7}$$

$$I_{24} = \sqrt{\frac{1}{\pi} \int_{\alpha'_{34}}^{\alpha'_{45}} i_2^2 \, d(\nu t)} = 0{,}056 \sqrt{1 + 76{,}0 \cos^2 \varphi_2} \cdot I_2$$

$$I_{25} = \sqrt{\frac{1}{\pi} \int_{\alpha'_{45}}^{\alpha'_{56}} i_2^2 \, d(\nu t)} = 0{,}198 \sqrt{1 + 4{,}41 \cos^2 \varphi_2 + 2{,}21 \sin 2\varphi_2} \cdot I_2 \qquad (7)$$

$$I_{26} = \sqrt{\frac{1}{\pi} \int_{\alpha'_{56}}^{\alpha'_{61}} i_2^2 \, d(\nu t)} = 0{,}404 \sqrt{1 - 0{,}15 \cos^2 \varphi_2 + 0{,}88 \sin 2\varphi_2} \cdot I_2 \, ,$$

ihre Abhängigkeit von $\cos \varphi_2$, bezogen auf $I_2$, geht aus Bild 7 hervor.

Die Primärströme des Transformators stellen die Abbildungen der entsprechenden Sekundärströme dar unter Berücksichtigung der jeweils in Betracht kommenden Übersetzungsverhältnisse. Diese sind proportional den in Gleichung (2a) angegebenen Spannungsabstufungen; sie stimmen mit ihnen überein bei einem Windungsverhältnis von 1:1 zwischen dem Sekundärstrang 4 und einem Primärstrang[1]. Die in den Drehstromleitungen fließenden Linienströme bilden nach Bild 2a jeweils die Differenz der in einem Knotenpunkt der Primärwicklung zusammenkommenden Strangströme. Bild 8 bringt den idealen Verlauf der Primär- sowie der Linienströme bei $\cos \varphi_2 = 0{,}7$, der durch das Oszillogramm in Bild 9 vergleichsweise bestätigt wird[2].

Bei Annahme eines Hauptübersetzungsverhältnisses von 1:1 werden die Effektivwerte der Primärströme des Transformators mit Gleichung (7)

$$\begin{aligned} I_{11} &= \sqrt{0{,}333^2 \, I_{21}^2 + I_{24}^2} &&= 0{,}262 \sqrt{1 + 2{,}64 \cos^2 \varphi_2} \cdot I_2 \\ I_{12} &= \sqrt{0{,}931^2 \, I_{23}^2 + 0{,}729^2 \, I_{26}^2} &&= 0{,}346 \sqrt{1 + 1{,}14 \cos^2 \varphi_2 + 0{,}02 \sin 2\varphi_2} \cdot I_2 \\ I_{13} &= \sqrt{0{,}729^2 \, I_{22}^2 + 0{,}931^2 \, I_{25}^2} &&= 0{,}346 \sqrt{1 + 1{,}14 \cos^2 \varphi_2 - 0{,}02 \sin 2\varphi_2} \cdot I_2 \end{aligned} \qquad (8)$$

und die Effektivwerte der Linienströme

$$\begin{aligned} I_I &= \sqrt{I_{12}^2 + I_{13}^2} = 0{,}490 \sqrt{1 + 1{,}14 \cos^2 \varphi_2} \cdot I_2 \\ I_{II} &= \sqrt{I_{13}^2 + I_{11}^2} = 0{,}435 \sqrt{1 + 1{,}69 \cos^2 \varphi_2 - 0{,}01 \sin 2\varphi_2} \cdot I_2 \\ I_{III} &= \sqrt{I_{11}^2 + I_{12}^2} = 0{,}435 \sqrt{1 + 1{,}69 \cos^2 \varphi_2 + 0{,}01 \sin 2\varphi_2} \cdot I_2 \end{aligned} \qquad (9)$$

Bild 10 zeigt die auf $I_2$ bezogene Abhängigkeit von $\cos \varphi_2$.

### b) Harmonische Analyse der Linienströme.

Bei der harmonischen Analyse der Linienströme ist die Grundfrequenz mit $16^2/_3$ einzusetzen. Schreibt man $i_n = \Sigma (a_n \cos n\nu t + b_n \sin n\nu t)$, so ergeben sich mit den Ausdrücken[3]

$$\begin{aligned} p &= 0{,}707 \sin n \, \alpha'_{12} + 0{,}336 \sin n \, \alpha'_{23} - 1{,}826 \sin n \, \alpha'_{34}, \\ q &= 1{,}273 \cos n \, \alpha'_{12} + 0{,}220 \cos n \, \alpha'_{23} - 0{,}361 \cos n \, \alpha'_{34}, \\ r &= -0{,}055 \sin n \, \alpha'_{12} + 0{,}903 \sin n \, \alpha'_{23} + 0{,}205 \sin n \, \alpha'_{34}, \\ s &= 0{,}031 \cos n \, \alpha'_{12} - 1{,}377 \cos n \, \alpha'_{23} - 1{,}048 \cos n \, \alpha'_{34}, \end{aligned}$$

die Fourier-Koeffizienten der $n$-ten Harmonischen (ausgenommen $n=1$) für den in Bild 8 dargestellten Linienstrom $i_I$ zu

$$a_n^I = -\frac{2}{\pi} \frac{I_2 \sqrt{2}}{n^2 - 1} (n\,p + q) \cos \varphi_2,$$

$$b_n^I = -\frac{2}{\pi} \frac{I_2 \sqrt{2}}{n^2 - 1} (n\,q + p) \sin \varphi_2,$$

---

[1] Das Windungsverhältnis von Strang 4 zu einem Primärstrang wird zweckmäßigerweise als Hauptübersetzungsverhältnis des Transformators bezeichnet.

[2] Der Einfluß der Leerlaufströme, die bei dem verwendeten Transformator infolge hoher Sättigung sehr groß waren, ist im Oszillogramm deutlich zu erkennen.

[3] Siehe Fußnote 1 S. 22.

für $i_{II}$ zu

$$a_n^{II} = \frac{2}{n} \frac{I_2\sqrt{2}}{n^2-1} \left[\frac{1}{2}(np+q)\cos\varphi_2 + (nr+s)\sin\varphi_2\right],$$

$$b_n^{II} = \frac{2}{\pi} \frac{I_2\sqrt{2}}{n^2-1} \left[-(ns+r)\cos\varphi_2 + \frac{1}{2}(nq+p)\sin\varphi_2\right],$$

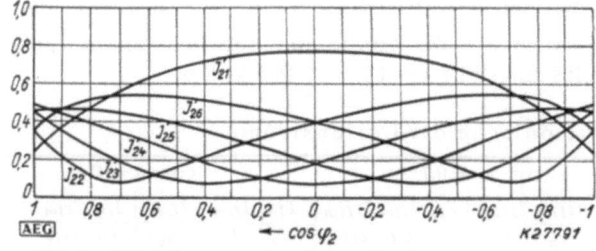

Bild 7. Effektivwerte der Sekundärströme, bezogen auf den Einphasenstrom $I_2$.

Bild 10. Effektivwerte der primären Strangströme und der Linienströme, bezogen auf $I_2$.

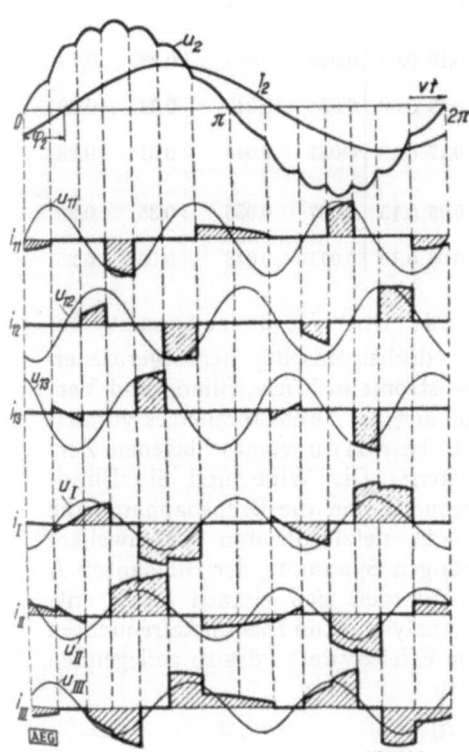

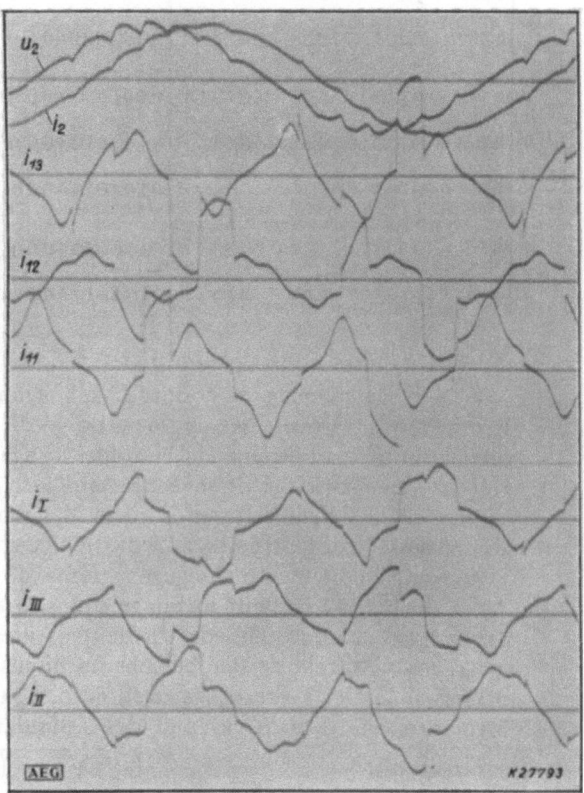

Bild 8. Verlauf der primären Ströme.

Bild 9. Oszillogramm der Primär- und Linienströme bei $\cos\varphi_2 \approx 0{,}75$.

$i_{11}$, $i_{12}$, $i_{13}$; $u_{11}$, $u_{12}$, $u_{13}$ primäre Strangströme bezw. -Spannungen,
$i_I$, $i_{II}$, $i_{III}$; $u_I$, $u_{II}$, $u_{III}$ Linienströme bezw. -Spannungen.

und für $i_{III}$ zu

$$a_n^{III} = \frac{2}{\pi} \frac{I_2\sqrt{2}}{n^2-1} \left[\frac{1}{2}(np+q)\cos\varphi_2 - (nr+s)\sin\varphi_2\right],$$

$$b_n^{III} = \frac{2}{\pi} \frac{I_2\sqrt{2}}{n^2-1} \left[(ns+r)\cos\varphi_2 + \frac{1}{2}(nq+p)\sin\varphi_2\right].$$

Die Amplituden der einzelnen Harmonischen werden jeweils

$$I_n \sqrt{2} = \sqrt{a_n^2 + b_n^2}.$$

Zweckmäßigerweise werden die Harmonischen auf die der Spannung des Drehstromnetzes entsprechende Frequenz 50 bezogen, sie erscheinen sodann mit der Ordnungszahl $m = \frac{n}{3}$. Zahlentafel 2 enthält die Größen von einigen Harmonischen, bezogen auf den Einphasenstrom sowie auf die Größe der 50periodigen „Grundwelle" und berechnet für die 3 Belastungsfälle $\cos \varphi_2 = 1$, 0,7 und 0.

Zahlentafel 2. Harmonische der Linienströme.

| $m$ | $\cos \varphi_2 = 1$ | | | | $\cos \varphi_2 = 0,7$ | | | | | | $\cos \varphi_2 = 0$ | | | |
|---|---|---|---|---|---|---|---|---|---|---|---|---|---|---|
| | $\frac{I_{Im}}{I_2}$ | $\frac{I_{IIm}}{I_2} = \frac{I_{IIIm}}{I_2}$ | $\frac{I_{Im}}{I_{I1}}$ | $\frac{I_{IIm}}{I_{II1}} = \frac{I_{IIIm}}{I_{III1}}$ | $\frac{I_{Im}}{I_2}$ | $\frac{I_{IIm}}{I_2}$ | $\frac{I_{IIIm}}{I_2}$ | $\frac{I_{Im}}{I_{I1}}$ | $\frac{I_{IIm}}{I_{II1}}$ | $\frac{I_{IIIm}}{I_{III1}}$ | $\frac{I_{Im}}{I_2}$ | $\frac{I_{IIm}}{I_2} = \frac{I_{IIIm}}{I_2}$ | $\frac{I_{Im}}{I_{I1}}$ | $\frac{I_{IIm}}{I_{II1}} = \frac{I_{IIIm}}{I_{III1}}$ |
| $\frac{1}{3}$ | 0,374 | 0,376 | 0,68 | 0,71 | 0,374 | 0,369 | 0,341 | 0,91 | 0,95 | 0,85 | 0,374 | 0,334 | 1,93 | 1,92 |
| 1 | 0,551 | 0,533 | 1 | 1 | 0,410 | 0,387 | 0,400 | 1 | 1 | 1 | 0,194 | 0,174 | 1 | 1 |
| $\frac{5}{3}$ | 0,160 | 0,189 | 0,29 | 0,36 | 0,180 | 0,161 | 0,195 | 0,44 | 0,42 | 0,49 | 0,198 | 0,169 | 1,02 | 0,98 |
| $\frac{7}{3}$ | 0,018 | 0,013 | 0,03 | 0,02 | 0,041 | 0,037 | 0,034 | 0,10 | 0,10 | 0,09 | 0,055 | 0,048 | 0,28 | 0,28 |
| 3 | 0,016 | 0,013 | 0,03 | 0,02 | 0,040 | 0,036 | 0,037 | 0,10 | 0,09 | 0,09 | 0,054 | 0,049 | 0,28 | 0,28 |
| $\frac{11}{3}$ | 0,098 | 0,084 | 0,18 | 0,16 | 0,082 | 0,066 | 0,070 | 0,20 | 0,17 | 0,18 | 0,061 | 0,048 | 0,31 | 0,28 |
| $\frac{13}{3}$ | 0,091 | 0,106 | 0,17 | 0,20 | 0,080 | 0,095 | 0,059 | 0,20 | 0,25 | 0,15 | 0,067 | 0,035 | 0,35 | 0,20 |
| 5 | 0,033 | 0,046 | 0,06 | 0,09 | 0,024 | 0,032 | 0,054 | 0,06 | 0,08 | 0,14 | 0,011 | 0,043 | 0,06 | 0,25 |

c) **Aufteilung der Ströme in Wirk-, Blind- und Verzerrungsanteile.**
Zur Beurteilung der durch den Umrichter drehstromseitig hervorgerufenen Belastungsverhältnisse ist es notwendig, die Linienströme in Wirk-, Blind- und Verzerrungsanteile zu zerlegen. Da sinusförmige Spannung des Drehstromnetzes vorausgesetzt ist, entspricht diese Aufteilung der von C. Budeanu vorgeschlagenen Zerlegung einer Scheinleistung in ihre 3 Komponenten[1]. Die Wirk- und die Blindkomponente jedes Stromes haben die gleiche Frequenz wie die Drehspannung, die Verzerrungskomponente hingegen umfaßt die nicht netzfrequenten Stromwellen. Jeder Wirkanteil $I_w$ läuft in Phase mit der zugehörigen Spannung, der Blindanteil $I_b$ dagegen steht senkrecht dazu; beide Anteile bestimmen sich einfach durch entsprechende Aufteilung der bei der harmonischen Analyse gefundenen netzfrequenten Stromwelle. Der Verzerrungsanteil $I_v$ folgt aus dem Effektivwert $I$ des zu zerlegenden Stromes sowie dem Wirk- und dem Blindanteil zu

$$I_v = \sqrt{I^2 - (I_w^2 + I_b^2)}.$$

Die dementsprechend durchgeführte Berechnung der Anteile der einzelnen Linienströme ergibt für die Wirkkomponenten

$$\left.\begin{array}{l} I_I^w = 0{,}553\, I_2 \cos\varphi_2 \\ I_{II}^w = 0{,}534\, I_2 \cos\varphi_2 - 0{,}011\, I_2 \sin\varphi_2 \\ I_{III}^w = 0{,}534\, I_2 \cos\varphi_2 + 0{,}011\, I_2 \sin\varphi_2, \end{array}\right\} \quad (10\,a)$$

für die Blindkomponenten

---
[1] C. Budeanu (Referat Fraenckel). Elektrotechn. Z. Bd. **49** (1928) S. 97. — Vgl. auch F. B. Vodges, A Power-Faktor Treatment of Non-sinusoidal Current Waves, Gen. electr. Rev. Bd. **33** (1930) S. 519 und O. Löbl, Kurvenform und Leistungsfaktor, VDE-Fachberichte **1931**, S. 24.

$$I_I^b = 0{,}193\,I_2\sin\varphi_2$$
$$I_{II}^b = 0{,}174\,I_2\sin\varphi_2 + 0{,}010\,I_2\cos\varphi_2$$
$$I_{III}^b = 0{,}174\,I_2\sin\varphi_2 - 0{,}010\,I_2\cos\varphi_2$$
(10b)

und für die Verzerrungskomponenten

$$I_I^v = 0{,}450\,\sqrt{1 + 0{,}02\cos^2\varphi_2}\cdot I_2$$
$$I_{II}^v = 0{,}400\,\sqrt{1 + 0{,}40\cos^2\varphi_2 + 0{,}02\sin 2\varphi_2}\cdot I_2$$
$$I_{III}^v = 0{,}400\,\sqrt{1 + 0{,}40\cos^2\varphi_2 - 0{,}02\sin 2\varphi_2}\cdot I_2.$$
(10c)

Ihre auf $I_2$ bezogene Abhängigkeit von $\cos\varphi_2$ ist in Bild 11 wiedergegeben.

Die in den Gleichungen (10a, b) angegebenen netzfrequenten Anteile bilden zusammen ein unsymmetrisches Stromsystem mit der gleichläufigen Komponente

$$\dot{I}_1 = (0{,}540\cos\varphi_2 - j\,0{,}180\sin\varphi_2)\,I_2\cdot\frac{\dot{U}}{U} \qquad (11a)$$

und der gegenläufigen Komponente

$$\dot{I}'_1 = (0{,}013\cos\varphi_2 - j\,0{,}013\sin\varphi_2)\,I_2\cdot\frac{\dot{U}}{U}, \qquad (11b)$$

wobei $\dot{U}$ den Spannungsvektor in einer der drei Linien bezeichnet. Da das Drehspannungssystem symmetrisch ist, kommt für die Übertragung der dem Umrichter vom Drehstromnetz zugeführten Wirk- sowie Blindleistung nur die gleichläufige Stromsystem-Komponente in Betracht[1]. Gemäß Gleichung (11a) ist der Wirkanteil dieser Komponente

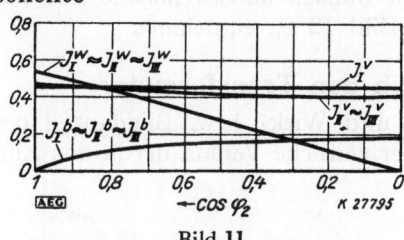

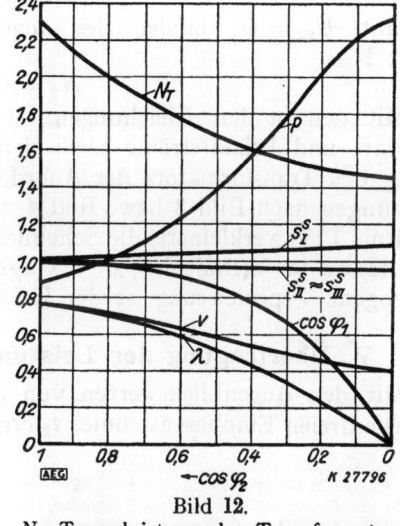

Bild 11.
Wirk-, Blind- und Verzerrungsströme in den Linien, bezogen auf $I_2$.

$$I_1^w = 0{,}540\,I_2\cos\varphi_2 \qquad (12a)$$

und der Blindanteil

$$I_1^b = 0{,}180\,I_2\sin\varphi_2; \qquad (12b)$$

Bild 12.
$N_T$ Typenleistung des Transformators,
$\lambda$ drehstromseitiger Leistungsfaktor,
$\cos\varphi_1$ drehstromseitiger Verschiebungsfaktor,
$v$ drehstromseitiger Verzerrungsfaktor.
$p$ mittlerer Pulsationsfaktor,
$s^s$ Unsymmetrie der Scheinleistung im Drehstromnetz.

für den Phasenwinkel folgt daraus die Beziehung[2]

$$\operatorname{tg}\varphi_1 = \frac{I_1^b}{I_1^w} = \frac{1}{3}\operatorname{tg}\varphi_2. \qquad (12c)$$

Der demnach sich ergebende Verschiebungsfaktor des Drehstromnetzes ist als Kurve $\cos\varphi_1$ in Bild 12 aufgetragen.

---

[1] A. Fraenckel, Theorie der Wechselströme, 3. Aufl. Berlin 1930, S. 109.
[2] Vgl. H. Meyer-Delius, Die Blindleistung in Gleich- und Umrichteranlagen, Elektr. Wirtsch. Bd. 31 (1932) S. 108; Die Strom- und Spannungsverhältnisse in Anlagen zur Umrichtung von Drehstrom mit 50 Hz in Einphasenstrom mit 16²/₃ Hz, Elektr. Bahnen Bd. 8 (1932) S. 61. Siehe auch R. Feinberg, Das Verhältnis von Primär- zu Sekundärblindleistung bei Hüllkurvenumrichtern. Elektrotechn. u. Maschinenb. Bd. 51 (1933), erscheint demnächst.

Für die Bestimmung der Verteilung von Wirk- bzw. Blindleistung auf die drei Primärstränge des Transformators werden die entsprechenden Wirk- und Blindkomponenten der Primärströme ermittelt, am zweckmäßigsten aus den Gleichungen (10a, b) auf dem Wege über die Vektordarstellung. Das Ergebnis lautet

$$\left. \begin{array}{l} I_{11}^w = 0{,}275\, I_2 \cos\varphi_2 \\ I_{12}^w = 0{,}330\, I_2 \cos\varphi_2 + 0{,}050\, I_2 \sin\varphi_2 \\ I_{13}^w = 0{,}330\, I_2 \cos\varphi_2 - 0{,}050\, I_2 \sin\varphi_2 \end{array} \right\} \quad (13\text{a})$$

bzw.

$$\left. \begin{array}{l} I_{11}^b = -0{,}147\, I_2 \sin\varphi_2 \\ I_{12}^b = -0{,}083\, I_2 \sin\varphi_2 - 0{,}020\, I_2 \cos\varphi_2 \\ I_{13}^b = -0{,}083\, I_2 \sin\varphi_2 + 0{,}020\, I_2 \cos\varphi_2. \end{array} \right\} \quad (13\text{b})$$

## IV. Typenleistung des Transformators.

Die vom Transformator abgegebene Einphasenscheinleistung wird wegen der vorausgesetzten Oberwellenfreiheit des Einphasenstromes $i_2$ mit der in Gleichung (5) angegebenen Grundwelle der Einphasenspannung $u_2$

$$N_2 = 0{,}935\, U_{24}\, I_2$$

oder mit $U_{24} = U_1$ infolge des angenommenen Hauptübersetzungsverhältnisses von 1:1

$$N_2 = 0{,}935\, U_1\, I_2. \quad (14)$$

Mit den in den Gleichungen (7) und (8) angegebenen Effektivwerten der Sekundär- und Primärströme sowie den zugehörigen Spannungen wird die Typenleistung des Transformators der Anordnung nach Bild 2a ermittelt. Bei Umrichteranordnungen nach Bild 3 bzw. Bild 4 wird der Strom in jedem Sekundärstrang im Verhältnis $1:\sqrt{2}$ verkleinert, die Scheinleistung beider Sekundärwicklungen zusammen infolgedessen im Verhältnis $\sqrt{2}:1$ vergrößert. Die danach aufzuwendende und auf $N_2$ bezogene Typenleistung ist der Kurve $N_T$ in Bild 12 zu entnehmen.

## V. Übertragung der Leistungen durch den Transformator.

Mit den Augenblickswerten von Spannung und Wirk- bzw. Blindanteil des oberwellenfreien Einphasenstromes $i_2$ ergibt sich der zeitliche Verlauf der in das Ein-

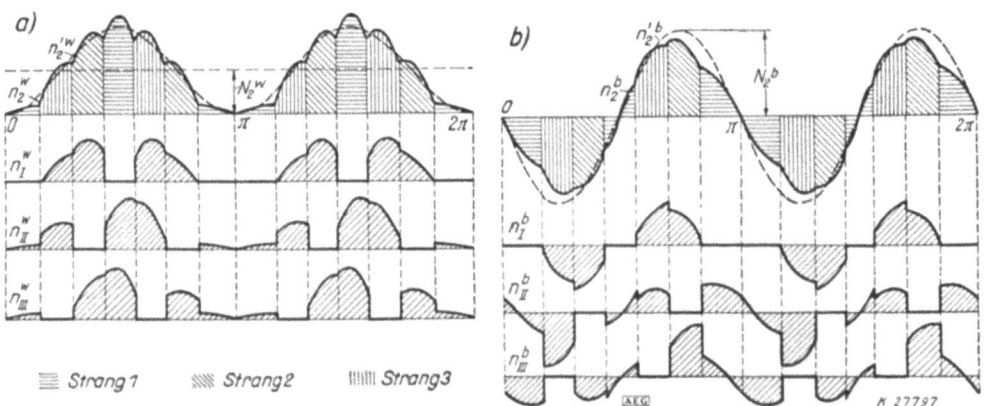

Bild 13. Zeitlicher Verlauf von Wirk- und Blindleistung bei $\cos\varphi_2 \approx 0{,}45$.
a Wirkleistungsverlauf, b Blindleistungsverlauf,
$n_2$ Leistungsverlauf im Einphasennetz,
$n_I$, $n_{II}$, $n_{III}$ Leistungsverlauf in den Linien des Drehstromnetzes.
$n_2'$ Leistungsverlauf im Einphasennetz bei sinusförmiger Spannung.

phasennetz fließenden Wirkleistung $n_2^w$ bzw. der als einphasige Blindleistung $N_2^b$ pendelnden Leistung $n_2^b$. Bild 13 bringt diesen Leistungsverlauf sowie dessen Aufteilung auf die Primärstränge des Transformators und die Linien. Bei der Darstellung ist beispielsweise etwa halbe Größe von Wirk- gegenüber Blindanteil des Einphasenstromes angenommen, d. h. $\cos\varphi_2 \approx 0{,}45$. Den Kurven $n_2^{\prime w}$ und $n_2^{\prime b}$ sind die mit der Grundwelle der Einphasenspannung erzielten Leistungskurven $n_2^{\prime w}$ bzw. $n_2^{\prime b}$ zum Vergleich gegenübergestellt. Danach pulsiert $n_2^{\prime w}$ um den Mittelwert $N_2^w = U_{2,1} I_2 \cos\varphi_2$, während $n_2^{\prime b}$ mit der Amplitude $N_2^b = U_{2,1} I_2 \sin\varphi_2$ hin- und herpendelt.

Die Mittelwerte der Wirkleistungen sowie die Größen der Blindleistungen in den Primärsträngen des Transformators werden mit den in den Gleichungen (13a, b) angegebenen Komponenten der Primärströme ermittelt. Der Gesamtbetrag der drehstromseitig zugeführten Wirkleistung ist in Übereinstimmung mit dem aus Gleichung (14) bzw. (12a) zu berechnenden Wert

$$N_1^w = 0{,}935\, U_1 I_2 \cos\varphi_2 = N_2^w. \tag{15a}$$

Für die drehstromseitig insgesamt zugeführte Blindleistung ergibt sich mit Gleichung (14) und in Übereinstimmung mit dem aus Gleichung (12b) bzw. (12c) zu berechnenden Wert[1]

$$N_1^b = 0{,}312\, U_1 I_2 \sin\varphi_2 = \frac{1}{3} N_2^b. \tag{15b}$$

Die auf $N_1^w$ bzw. $N_1^b$ bezogenen Strangleistungen sind aus Bild 14 in Abhängigkeit von $\cos\varphi_2$ zu ersehen.

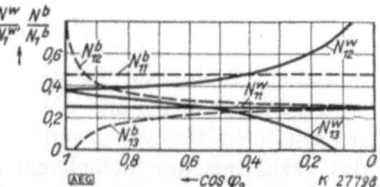

Bild 14. Verteilung von Wirk- und Blindleistung auf die Primärstränge des Transformators.

## VI. Belastung des Drehstromnetzes.

### a) Belastung der Zuleitung zum Transformator.

Das in Gleichung (11a) angegebene gleichläufige Stromsystem der netzfrequenten Stromwellen bildet zusammen mit dem Spannungssystem ein balanciertes Drehstromsystem, d. h. die gelieferte Leistung ist zeitlich konstant[2]. Nun nimmt

Bild 15.
Leistungsfluß bei Drehstrom-Einphasenstromumformung.
$n_1$ vom gleichläufigen Drehstromsystem gelieferte Leistung,
$n_2'$ vom Einphasennetz bei sinusförmiger Spannung angeforderte Leistung.

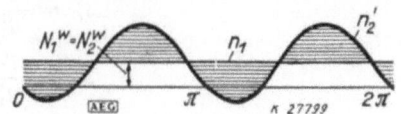

aber das Einphasennetz eine um den Mittelwert $N_2^w$ pulsierende Leistung auf, deren Pulsation sich zusammensetzt aus der aus Bild 13a ersichtlichen Schwankung des momentanen Wirkleistungsbedarfs und einer dem Bild 13b entsprechenden Leistungspendelung. Der bei oberwellenfreier Einphasenspannung auftretende, periodisch wechselnde Überschuß und Fehlbetrag an drehstromseitig herangebrachter Leistung ist aus Bild 15 zu ersehen. Da nach Bild 2a die Umrichteranordnung keinerlei Energiespeicher zur Pufferung dieser Leistungspulsationen enthält, werden sie in voller Größe auf das Drehstromnetz zurückgegeben. Ihre Übertragung bis zum Kraftwerk besorgen die in den Linienströmen enthaltenen und in Gleichung (10c) angegebenen Verzerrungsanteile sowie die gegenläufige Komponente des netzfrequenten Stromsystems gemäß Gleichung (11b).

Diese „Pulsationsanteile" der Linienströme sowie der Blindanteil des gleichläufigen Stromsystems tragen nichts bei zur Übertragung von Wirkleistung, sondern verschlechtern nur infolge der zusätzlichen thermischen Beanspruchung die Ausnutzung der Leitungen. Das Maß hierfür ist das Verhältnis von übertragener Wirk-

---
[1] Siehe Fußnote 2 S. 27.
[2] A. Fraenckel, Theorie der Wechselströme, 3. Aufl. Berlin 1930, S. 92.

leistung zu der gesamten mittleren Scheinleistung[1], das als Leistungs- oder auch Ausnutzungsfaktor bezeichnet wird. Im vorliegenden Falle ist dieser Faktor mit dem Wirkanteil des gleichläufigen Stromsystems gemäß Gleichung (12a) und den Effektivwerten der Linienströme in Gleichung (9) sowie wegen $I_I \approx I_{II} \approx I_{III}$

$$\lambda = \frac{I_1^w}{\sqrt{\frac{1}{3}(I_I^2 + I_{II}^2 + I_{III}^2)}} \approx \frac{3 I_1^w}{I_I + I_{II} + I_{III}}. \tag{16}$$

Seine Abhängigkeit von $\cos \varphi_2$ ist dem Bild 12 zu entnehmen.

Die lediglich durch die Pulsationsanteile bewirkte zusätzliche thermische Beanspruchung der Leitungen geht aus dem Verzerrungsfaktor hervor[2], der mit den Gleichungen (12b, c) und (16) sich bestimmt zu

$$v = \frac{\sqrt{I_1^{w\,2} + I_1^{b\,2}}}{\sqrt{\frac{1}{3}(I_I^2 + I_{II}^2 + I_{III}^2)}} = \lambda \sqrt{1 + \left(\frac{1}{3} \operatorname{tg} \varphi_2\right)^2} = \frac{\lambda}{\cos \varphi_1} \tag{17}$$

und ebenfalls in Bild 12 aufgetragen ist.

Eine weitere Folge der Pulsationsanteile ist die Unsymmetrierung der drehstromseitigen Belastungsverhältnisse. Bezeichnet der Unsymmetriefaktor $s$ jeweilig das Verhältnis des tatsächlichen Stromes zu dem entsprechenden Wert bei symmetrisch verteiltem Strom, dann gilt in den einzelnen Linien für die Wirkbelastung mit den Gleichungen (10a) und (12a)

$$\left. \begin{aligned} s_I^w &= \frac{I_I^w}{I_1^w} = 1{,}020 \\ s_{II}^w &= \frac{I_{II}^w}{I_1^w} = 0{,}990 - 0{,}020 \operatorname{tg} \varphi_2 \\ s_{III}^w &= \frac{I_{III}^w}{I_1^w} = 0{,}990 + 0{,}020 \operatorname{tg} \varphi_2 \end{aligned} \right\} \tag{18a}$$

für die Blindbelastung mit den Gleichungen (10b) und (12b)

$$\left. \begin{aligned} s_I^b &= \frac{I_I^b}{I_1^b} = 1{,}070 \\ s_{II}^b &= \frac{I_{II}^b}{I_1^b} = 0{,}966 + 0{,}056 \operatorname{ctg} \varphi_2 \\ s_{III}^b &= \frac{I_{III}^b}{I_1^b} = 0{,}966 - 0{,}056 \operatorname{ctg} \varphi_2 \end{aligned} \right\} \tag{18b}$$

und schließlich für die Scheinbelastung die mit den Gleichungen (9) entsprechend berechneten und in Bild 12 aufgetragenen Werte

$$s_l = \frac{I_l}{\sqrt{\frac{1}{3} \Sigma I^2}} = \frac{I_l}{I_l^w} \cdot \lambda \quad (l = I, II, III). \tag{18c}$$

Die Belastung ist für Wirk- und Blindleistung in dem hierfür in Betracht zu ziehenden Bereich praktisch symmetrisch und für die Scheinleistung nahezu symmetrisch, unabhängig von der Größe des sekundärseitigen Phasenwinkels.

Die Pulsationsanteile der Linienströme beanspruchen die Dämpferwicklungen des Drehstromgenerators. Einen Überblick über die Beanspruchung bei einem in Stern geschalten Generator gibt der Effektivwert der Pulsationsanteile, der sich mit den Gleichungen (10a, b, c) und (12a, b) in jeder Linie $l$ bestimmt zu

---

[1] Bei einem Drehstromnetz mit unsymmetrisch verteilten Strömen ist es zweckmäßig, einen „mittleren Effektivstrom" und mit diesem eine „mittlere Scheinleistung" einzuführen. Der mittlere Effektivstrom ist — gleichen Leiter-Querschnitt vorausgesetzt — gleich dem quadratischen Mittel aus den drei Einzelströmen. Die insgesamt erzeugte Stromwärme ist in beiden Fällen unverändert.

[2] Vgl. z. B. O. Löbl, Kurvenform und Leistungsfaktor. VDE-Fachberichte 1931, S. 24.

$$I_l^p = \sqrt{(I_l^w - I_1^w)^2 + (I_l^b - I_1^b)^2 + I_l^{v\,2}} \qquad (l = I, II, III), \tag{19}$$

oder mit dem aus den Gleichungen (10a) und (10c) herzuleitenden Verzerrungsverhältnis

$$k_l^v = \frac{I_l^v}{I_l^w} \tag{20}$$

und mit den Gleichungen (12c) und (18a, b)

$$I_l^p = I_1^w \sqrt{(s_l^w - 1)^2 + \left(\frac{1}{3}\,\text{tg}\,\varphi_2\,(s_l^b - 1)\right)^2 + (k_l^v\,s_l^w)^2}. \tag{21}$$

Da die Beiträge der beiden ersten Klammern sehr klein sind gegenüber der dritten Klammer, kann diese Gleichung vereinfacht werden zu

$$I_l^p = I_1^w \cdot k_l^v\,s_l^w \equiv I_l^v, \tag{22}$$

d. h. die Stromanteile des gegenläufigen Systems sind gegenüber den Verzerrungsströmen zu vernachlässigen. Zweckmäßigerweise wird der aus dem quadratischen Mittel sich ergebende mittlere Pulsationsstrom $I_p$ bezogen auf den Effektivwert des Stromes, der sich aus Wirk- und Blindkomponente des gleichläufigen Systems zusammensetzt. Der daraus resultierende Pulsationsfaktor $p$ wird mit den Gleichungen (12c) und (22)

$$p = \frac{I_p}{\sqrt{I_1^{w\,2} + I_1^{b\,2}}} = \frac{\sqrt{\frac{1}{3}\sum_l (k_l^v\,s_l^w)^2}}{\cos\varphi_1}, \tag{23}$$

seine Abhängigkeit von $\cos\varphi_2$ ist ebenfalls in Bild 12 dargestellt.

b) **Wirkung auf ein Netz mit vorhandener Grundbelastung.**

Im allgemeinen arbeitet der Umrichter drehstromseitig parallel mit einem eine bestimmte Grundbelastung darstellenden Verbraucher. Die durch die Pulsationsanteile der Umrichterlinienströme hervorgerufene Verschlechterung der Ausnutzung der Kraftwerksleitungen sei ermittelt unter der Voraussetzung, daß der parallel liegende Verbraucher das Drehstromnetz symmetrisch belastet und dabei einen oberwellenfreien Strom aufnimmt[1].

Es bezeichne $I_G^w$ den Wirk- und $I_G^b$ den Blindanteil des zur Grundbelastung fließenden Stromes. Für dessen Phasenwinkel gilt dann

$$\text{tg}\,\varphi_3 = \frac{I_G^b}{I_G^w}. \tag{24}$$

Das Verhältnis der dem Umrichter zugeführten zu der von der Grundbelastung aufgenommenen Wirkleistung werde mit der in Gleichung (12a) angegebenen Wirkkomponente des gleichläufigen Stromsystems in den Umrichterzuleitungen wiedergegeben durch

$$\frac{I_1^w}{I_G^w} = m. \tag{25}$$

Der in einer Kraftwerksleitung $l$ fließende Strom enthält dann als Wirk-, Blind- und Verzerrungskomponente bei Berücksichtigung der Gleichungen (12c), (18a, b), (20), (24) und (25)

$$\left. \begin{aligned} I_l'^w &= I_G^w + I_l^w = I_G^w(1 + m\,s_l^w) \\ I_l'^b &= I_G^b \pm I_l^b = I_G^w\left(\text{tg}\,\varphi_G \pm \frac{m}{3}\,s_l^b\,\text{tg}\,\varphi_2\right) \\ I_l'^v &= I_l^v \;\;\;\;= I_G^w\,m\,k_l^r\,s_l^w \end{aligned} \right\} \quad (l = I, II, III). \qquad \begin{array}{l}(26\text{a})\\(26\text{b})\\(26\text{c})\end{array}$$

---

[1] In Wirklichkeit verteilen sich die Pulsationsströme entsprechend den Impedanzen auf Kraftwerk und Parallelverbraucher.

Das $+$-Zeichen bei der Bildung der Blindkomponente gilt bei gleichartiger Blindbelastung in beiden Verbrauchern (z. B. bei induktiver Last in jedem) und das $-$-Zeichen bei ungleichartiger Blindlast (z. B. induktiver im einen und kapazitiver im anderen). Der Effektivwert eines Kraftwerkstromes wird mit den Gleichungen (26)

$$I'_l = I^v_G \sqrt{(1+m\,s^w_l)^2 + \left(\text{tg}\,\varphi_G \pm \frac{m}{3} s^b_l\,\text{tg}\,\varphi_2\right)^2 + (m\,k^v_l\,s^w_l)^2}. \tag{27}$$

Für den resultierenden Leistungsfaktor ergibt sich mit Gleichung (25) und (27)

$$\lambda' = \frac{I^v_G + I^v_1}{\sqrt{\frac{1}{3}\Sigma I'^2_l}} \approx \frac{3\,I^v_G(1+m)}{\Sigma I'_l}, \tag{28}$$

für den resultierenden Verschiebungsfaktor mit den Gleichungen (12c), (24) und (25)

$$\cos\varphi' = \frac{I^v_G + I^v_1}{\sqrt{(I^v_G + I^v_1)^2 + (I^b_G \pm I^b_1)^2}} = \frac{1+m}{\sqrt{(1+m)^2 + \left(\text{tg}\,\varphi_G \pm \frac{m}{3}\text{tg}\,\varphi_2\right)^2}}, \tag{29}$$

der resultierende Verzerrungsfaktor folgt aus [vgl. Gleichung (17)]

$$v' = \frac{\lambda'}{\cos\varphi'} \tag{30}$$

und der resultierende Pulsationsfaktor wird entsprechend der zu Gleichung (23) führenden Herleitung mit den Gleichungen (22), (25), (26c) und (29)

$$p' = \frac{\sqrt{\frac{1}{3}\Sigma I'^{v2}_l}}{\sqrt{(I^v_G + I^w_1)^2 + (I^b_G \pm I^b_1)^2}} = \frac{m}{1+m} \sqrt{\frac{1}{3}\Sigma (k^v_l\,s^w_l)^2} \cdot \cos\varphi' \tag{31'}$$

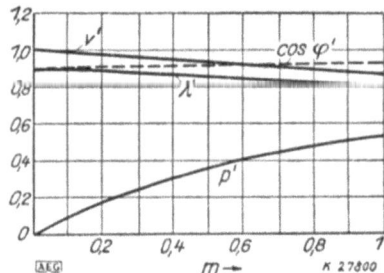

Bild 16. Ausnutzung der Kraftwerksleitungen bei Parallelbetrieb von Umrichter und Grundbelastung.

oder mit Gleichung (23)

$$p' = \frac{m}{1+m} \frac{\cos\varphi'}{\cos\varphi_1} p. \tag{31}$$

Die bei Variation von $m$ zwischen 0 und 1 sich ergebenden Werte $\lambda'$, $\cos\varphi'$, $v'$ und $p'$ sind für den Fall $\cos\varphi_2 = 0{,}7$ und $\cos\varphi_G = 0{,}9$ (beide Blindleistungen gleichartig) in Bild 16 aufgetragen.

c) Pufferung der Leistungspulsation.

Die Verschlechterung der Leitungsausnutzung infolge der Pulsationsanteile der Linienströme wird beseitigt, wenn die durch diese Anteile bewirkte und im Bild 15 angedeutete Leistungspulsation vom Drehstromnetz ferngehalten wird. Das bedeutet, daß die Pulsationsanteile eine dem Umrichter drehstromseitig beigegebenen „Wellenschlucker" zuzuführen sind. In energetischer Hinsicht hat dieser die Aufgabe, die während einer Halbperiode der Leistungspulsation vom Drehstromnetz zuviel herangebrachte Energie zu speichern und den während der darauffolgenden Halbperiode auftretenden Fehlbetrag zu decken.

Der Wellenschlucker erfüllt seine Aufgabe naturgemäß um so besser, je geringer sein Widerstand für die Pulsationsströme ist im Vergleich zum Widerstand des Drehstromnetzes. Als Wellenschlucker kann beispielsweise eine sehr gut gedämpfte Synchronmaschine dienen. Für einen Überblick über die Scheinleistung dieser Maschine diene der ideale Fall, daß die Pulsationsströme vollständig vom Drehstromnetz ferngehalten werden. Der Maschinenstrom in einer Zuleitung wird dann gleich dem in den Gleichungen (19), (21) bzw. (22) angegebenen Pulsationsstrom. Für die Scheinleistung der im Stern geschalteten Maschine ergibt sich mit Gleichung (22) und (23)

$$N_M = \frac{U_1}{\sqrt{3}} \Sigma I_i^p = \frac{N_1^w}{3} \Sigma k_i^v s_i^w \approx \frac{\cos \varphi_2}{\cos \varphi_1} p \cdot N_2. \tag{32}$$

Durch entsprechende Einstellung ihrer Erregung liefert die Maschine noch die Blindleistung für den Umrichter und kompensiert dadurch das Netz auf reine Wirkleistungs-Lieferung. Der Maschinenstrom wird dann

$$I_i'^M = I_1^w \sqrt{(s_i^w - 1)^2 + \left(\frac{1}{3} \operatorname{tg} \varphi_2 s_i^b\right)^2 + (k_i^v s_i^w)^2}. \tag{33}$$

Die daraus resultierende Scheinleistung $N_M'$ ist gemeinsam mit $N_M$ in Bild 17 enthalten, die Werte bezogen auf die einphasig abgegebene, mit den Gleichungen (12a) und (14) zu bestimmende Scheinleistung $N_2$.

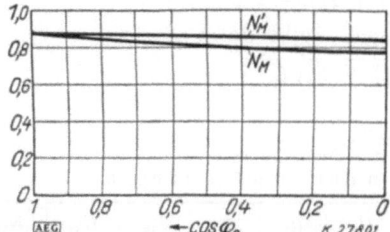
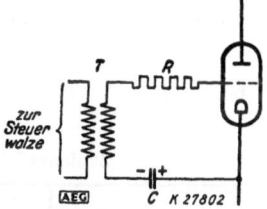

Bild 17. Scheinleistung der „Wellenschlucker"-Maschine.   Bild 18. Zur Steuerung der Gefäße.

## VII. Meßergebnisse.

Zur experimentellen Nachprüfung der gewonnenen Ergebnisse diente eine Versuchsanlage für etwa 3 kW. Untersucht wurden die Anordnungen nach Bild 2a und

Bild 19. Versuchsaufbau.

a Haupttransformator,   c Steuerwalze,
b Entladungsgefäße,   d Steuereinrichtung gemäß Bild 17.

Bild 3. Die bei ersterer infolge der teilweisen Verschiedenheit der Kathodenpotentiale bedingte Erschwerung im Aufbau der Steuerapparatur wurde durch Vornahme eines Kunstgriffs umgangen. Bild 18 zeigt den Gitterkreis eines Gefäßes. Die von der Steuerwalze kommenden Zündstromstöße werden über den Gittertransformator $T$

auf das Gitter gegeben und laden den Kondensator auf nach eingetretener Zündung des Gefäßes. Die nach Verlöschen des Gefäßes auf dem Kondensator verbleibende Ladung liefert das zur Sperrung erforderliche Potential.

Der Versuchsaufbau ist in Bild 19 wiedergegeben. Der Drehstromtransformator liegt primärseitig an 220 Volt, die Leerlaufspannung des größten Sekundärstranges beträgt 750 Volt. Die Zahlentafeln 3a und 3b enthalten Meßwerte in den Primärsträngen bzw. in den Linien. Um diese Werte mit den gerechneten vergleichen zu können, sind sie um den Magnetisierungsstrom zu reduzieren. Wird dieser als unverzerrter und reiner Blindstrom $I_0$ angenommen, dann gilt allgemein für den gemessenen Effektivwert $I_m$ mit den einzelnen Anteilen des Umrichterstromes

$$I_m = \sqrt{I_w^2 + (I_b + I_0)^2 + I_v^2}. \tag{34}$$

Die Reduktion um den Magnetisierungsstrom ergibt dann

$$I = \sqrt{I_m^2 - I_0^2 - 2 I_b I_0}. \tag{35}$$

Ist $2 I_b \ll I_0$, dann gilt vereinfacht

$$I = \sqrt{I_m^2 - I_0^2}. \tag{36}$$

Zahlentafel 3a. Messung in den Primärsträngen.

|  | $U_2$ Volt | $I_2$ Amp. | $N_2$ Watt | $U_1$ Volt | $I_{11}$ Amp. | $I_{12}$ Amp. | $I_{13}$ Amp. | $N_{11}$ Watt | $N_{12}$ Watt | $N_{13}$ Watt |
|---|---|---|---|---|---|---|---|---|---|---|
| Gemessen { Leerlauf.... | 675 | 0 | 0 | 220 | 3,8 | 2,2 | 3,8 | −34 | 40 | 274 |
| Gemessen { Belastung... | 645 | 3,78 | 2475 | 220 | 7,4 | 7,1 | 8,0 | 733 | 943 | 1170 |
| Reduzierter Wert ...... | — | 12,9 | 2475 | 220 | 6,4 | 6,7 | 7,0 | 767 | 903 | 896 |
| Gerechneter Wert...... | — | 12,9 | 2475 | — | 6,5 | 6,6 | 6,6 | 722 | 875 | 875 |

Zahlentafel 3b. Messung in den Linien.

|  | $U_2$ Volt | $I_2$ Amp. | $N_2$ Watt | $U_1$ Volt | $I_I$ Amp. | $I_{II}$ Amp. | $I_{III}$ Amp. | $N_I$ Watt | $N_{II}$ Watt | $N_{III}$ Watt |
|---|---|---|---|---|---|---|---|---|---|---|
| Gemessen { Leerlauf.... | 675 | 0 | 0 | 220 | 5,2 | 7,0 | 5,2 | 240 | 153 | −60 |
| Gemessen { Belastung .. | 660 | 3,86 | 2560 | 220 | 11,7 | 12,4 | 10,4 | 1155 | 1020 | 786 |
| Reduzierter Wert ...... | — | 13,1 | 2560 | 220 | 10,5 | 10,3 | 9,0 | 915 | 867 | 846 |
| Gerechneter Wert...... | — | 13,1 | 2560 | — | 9,4 | 9,3 | 9,3 | 915 | 873 | 873 |

Den entsprechend reduzierten Meßwerten sind in der Zahlentafel die gerechneten Werte zum Vergleich gegenübergestellt, nachdem noch die Werte für $I_2$ mit dem Hauptübersetzungsverhältnis $\frac{750}{220} = 3,4$ auf die Windungszahl der Primärseite umgerechnet sind. Die Übereinstimmung ist im Hinblick darauf, daß der Magnetisierungsstrom erheblich von der Sinusform abweicht, und auf die sonstigen bei der Rechnung gemachten Vereinfachungen als hinreichend gut zu bezeichnen.

## C. Zusammenfassung.

Der Umrichter nach Löbl stellt einen direkt wirkenden Umformer dar, der Frequenz und Phasenlage der Einphasenspannung festlegt gegenüber der Drehspannung, beide Netze infolgedessen starr verbindet. Leistungsaustausch kann zwischen den Netzen in beiden Richtungen stattfinden, wie z. B. bei Speisung eines induktiven Verbrauchers. Ebenso ist die Rückgewinnung der Bremsenergie möglich. Im ersteren Falle ist der Strom schon bei geringen Phasenverschiebungen praktisch unverzerrt.

Die Einphasen-Leistungspulsationen werden in voller Größe auf das Drehstromnetz übertragen, wo sie Verzerrungsströme sowie ein gegenläufiges netzfrequentes Stromsystem hervorrufen. Außerdem tritt im Drehstromnetz eine Blindleistung auf, die $^1/_3$mal so groß ist wie die einphasenseitig angeforderte Blindleistung. Die durch die Pulsationsanteile der Umrichterströme bewirkte Unsymmetrierung der Belastungsverhältnisse ist geringfügig, dagegen erniedrigen sie infolge der sie begleitenden zusätzlichen thermischen Beanspruchung die Ausnutzung der Leitungen auf 76% bei $\cos \varphi_2 = 1$ und auf 63% bei $\cos \varphi_2 = 0{,}7$. Die Wirkung der Pulsationsströme wird verringert bei Parallelarbeit des Umrichters mit einer Grundbelastung und aufgehoben bei Zuordnung eines idealen Wellenschluckers.

Berichtigung zu der in Fußnote 1 S. 17 angegebenen Arbeit.

Die harmonische Analyse des vom Wechselrichter abgegebenen Stromes ergibt für Blind- und Verzerrungskomponente

$$I'_{2B} = I_{10} \cdot 0{,}9 \left( \sin\alpha + \frac{2}{3} \frac{k}{\sqrt{3\sin^2\alpha + 1}} \right),$$

$$I'_{2V} = I_{10} \sqrt{0{,}19 - k \frac{1{,}08 \sin\alpha}{\sqrt{3\sin^2\alpha + 1}} + k^2 \frac{1{,}5 \sin^2\alpha + 0{,}14}{3\sin^2\alpha + 1}}.$$

Somit wird der Verschiebungsfaktor in Gleichung (9a)

$$\lambda_B = \operatorname{tg}\alpha \left( 1 + \frac{2}{3} \frac{k}{\sin\alpha \sqrt{3\sin^2\alpha + 1}} \right)$$

und das Verzerrungsverhältnis in Gleichung (9b)

$$\lambda_V = \frac{0{,}484}{\cos\alpha} \sqrt{1 - k \frac{5{,}69 \sin\alpha}{\sqrt{3\sin^2\alpha + 1}} + k^2 \frac{7{,}9 \sin^2\alpha + 0{,}74}{3\sin^2\alpha + 1}}.$$

Die in Bild 10 angegebenen Werte der Maschinenscheinleistung erfahren eine entsprechende Erhöhung.

Vorliegende Arbeit wurde im elektrotechnischen Laboratorium des Forschungs-Institutes der AEG in der Zeit vom September 1930 bis November 1931 auf Anregung von Herrn Dr.-Ing. H. Laub durchgeführt.

# Lebenslauf

Geboren: 12. April 1904 in Golynka (Gouv. Grodno)
Kindheit in der Schweiz, seit 1911 in Deutschland.

| | |
|---|---|
| Ostern 1913 bis September 1919: | Oberrealschule in Oberursel a. Taunus |
| September 1919 bis März 1920: | Lehrling bei einem Elektro-Installateur |
| April 1920 bis März 1922: | Fortsetzung der Oberrealschule, Abgang mit Reifezeugnis |
| März 1922 bis April 1924: | Praktische Ausbildung bei der Telefon- und Telegrafenbau-Ges. m. b. H. (Fuld-Konzern) in Frankfurt a. M. |
| April 1924 bis November 1926: | Studium an der Technischen Hochschule in Karlsruhe |
| November 1926 bis Oktober 1927: | Techniker bei der genannten Firma in Frankfurt a. M. |
| Wintersemester 1927-28: | Fortsetzung des Studiums in Karlsruhe |
| Sommersemester 1928: | Studium an der Technischen Hochschule Berlin |
| August bis Oktober 1928: | Montage-Tätigkeit bei der Siemens & Halske A. G. in Berlin |
| Oktober 1928 bis November 1929: | Beendigung des Studiums in Karlsruhe, Ablegung der Diplom-Prüfung |
| November 1929 bis März 1930: | Assistent für Mathematik, außerdem eigene Studien an der Hochschule in Karlsruhe |
| Seit April 1930: | Ingenieur im elektrotechnischen Laboratorium des Forschungs-Instituts der AEG in Berlin |

Berlin-Reinickendorf-Ost, im Juli 1932

If you have any concerns about our products,
you can contact us on
**ProductSafety@springernature.com**

In case Publisher is established outside the EU,
the EU authorized representative is:
**Springer Nature Customer Service Center GmbH**
**Europaplatz 3, 69115 Heidelberg, Germany**

Printed by Libri Plureos GmbH
in Hamburg, Germany